U0279917

Procreate+SketchUp+Photoshop

室内外设计
手绘表现技法

李国涛 著/绘

人民邮电出版社
北京

图书在版编目（ＣＩＰ）数据

Procreate+SketchUp+Photoshop室内外设计手绘表现
技法 / 李国涛著、绘. -- 北京 ：人民邮电出版社，
2023.11
ISBN 978-7-115-62300-3

Ⅰ. ①P… Ⅱ. ①李… Ⅲ. ①建筑设计－计算机辅助
设计－应用软件 Ⅳ. ①TU201.4

中国国家版本馆CIP数据核字(2023)第138167号

内 容 提 要

本书共8章，主要介绍如何使用iPad+Procreate+SketchUp+Photoshop 进行室内外设计手绘，第1章讲解初见iPad+ Procreate等室内设计表现；第2章讲解空间色彩搭配；第3章讲解轻松掌握室内外设计的透视与构图；第4章讲解室内外设计中的材质表现技巧及其实际应用；第5～7章分别讲解室内陈设与室外景观搭配表现、室内设计表现技巧与实际案例应用，以及景观设计表现技巧与实际案例应用；第8章展示一些优秀的iPad+Procreate室内外设计手绘作品。为方便读者学习，本书附赠案例所用的笔刷。

本书适合建筑设计师和建筑设计专业的学生阅读，也可以作为建筑设计手绘培训机构的教材。

◆ 著 ／绘　李国涛
　　责任编辑　何建国
　　责任印制　周昇亮
◆ 人民邮电出版社出版发行　　北京市丰台区成寿寺路 11 号
　　邮编　100164　电子邮件　315@ptpress.com.cn
　　网址　https://www.ptpress.com.cn
　　鑫艺佳利（天津）印刷有限公司印刷
◆ 开本：690×970　1/16
　　印张：12　　　　　　　　2023 年 11 月第 1 版
　　字数：236 千字　　　　　2023 年 11 月天津第 1 次印刷

定价：79.80 元
读者服务热线：(010)81055296　印装质量热线：(010)81055316
反盗版热线：(010)81055315
广告经营许可证：京东市监广登字 20170147 号

目录
CONTENTS

第 5 章

室内陈设与室外景观搭配表现

第 6 章

室内设计表现技巧与实际案例应用

第 **7** 章

景观设计表现技巧与实际案例应用

第 **8** 章

iPad + Procreate室内外设计手绘作品欣赏

第 1 章

初见iPad + Procreate
等室内设计表现

1.1
软件手绘与传统手绘的区别

工具

传统手绘。

主要工具有色粉、水彩、马克笔、彩色铅笔等，辅助工具有尺子、勾线笔、修正液、纸张等。

iPad+软件手绘。

主要工具有iPad+软件。市面上的手绘软件有Procreate、Infinite Painter、Sketchbook、概念画板等，本书使用的是专为iPad设计的主流创作应用Procreate，其凭借强大的绘图功能及艺术性，深受专业创作者和艺术家的喜爱。

计算机软件+手绘板。

将计算机与手绘板相结合，需要先在计算机上下载绘图软件，比如Photoshop、SAI、Infinite Painter、Flash等。

绘制方法

传统手绘通常先用铅笔起形，再用勾线笔勾线，最后使用色粉、马克笔或彩色铅笔等工具上色。软件手绘可以使用多种方式表现不同的效果，比如可以和传统手绘类似，先画线稿，再上色，也可以直接使用色块表现效果。软件手绘可以使用丰富多样的笔刷及贴图，使得绘图的内容广泛，表现的效果更加美观、细腻。

表现效果

传统手绘依托于纸和笔，在一定的程度上表现的效果有很强的主观性，能反映设计师的艺术修养。传统手绘的作品一般更具有艺术性，但缺点是绘制过程比较慢，容错率较低，一旦画错可能需要从头再画。

素材及笔刷的加入，使得软件手绘的表现效果更为逼真，介于草图效果与3D渲染效果之间，能够直观地表现出建筑、景观、室内设计的材质以及空间关系。绘图辅助功能的使用，使得整体透视关系更为准确，让作品不仅具有传统手绘作品的艺术性，也具有软件手绘作品的易修改和真实性等优点。

传统手绘效果展示

总结

  软件手绘的优点，可以总结为"快、准"。随着手绘软件生态的不断发展，手绘软件也更加贴合设计师的日常使用习惯。iPad软件中的绘图辅助功能及笔刷、贴图等的应用，使得软件手绘效果更准确，出图的效果更好，出图的速度也更快，节省了大量的时间。

1.2
了解iPad与Procreate等手绘工具

1.2.1　iPad的选择

型号

在绘画中，iPad常用的型号有4个，即iPad mini、iPad Air、iPad Pro。一般来说，涉及专业用途建议选择iPad Pro和iPad Air系列。一般的iPad尺寸有11英寸（1英寸=2.54厘米）及12.9英寸，建议选择12.9英寸的。通常屏幕越大，绘图越方便，但主要根据自己的需求购买。建议选择内存大小为256GB的iPad，它的运行一般更加流畅。

iPad配件

进行专业绘图时尽量使用iPad原装配件，如Apple Pencil。屏幕绘图膜分为钢化膜和类纸膜两种。钢化膜表现效果清晰，不影响色彩效果及清晰度，但是会反光和"打滑"，不会磨损原装笔尖。类纸膜配合原装笔的绘制效果类似于书写的效果，但是对清晰度有一定的影响，并且容易磨损笔尖。这里推荐几种绘图膜和笔尖的搭配方式，大家根据自己的需求选择。

钢化膜+软胶笔尖　　　　　　　　　　　　　　　**类纸膜+原装笔尖**

1.2.2　多款手绘软件的选择与认识

科技的进步使得设计工具越来越多样化，设计师也不再局限于单一的设计方式。以下是市面上使用感反响较好的几款软件。

Procreate

可以利用Procreate笔刷轻易画出油画、素描画、钢笔画、水彩画等的效果。另外，Procreate的每一种笔刷都可以进行个性化设置，并支持自制笔刷和导入笔刷。

Sketchbook

Sketchbook是由推出 AutoCAD、3ds Max、Maya 的 Autodesk公司出品的强大、专业的画图 App，提供了丰富、专业的画笔工具，可以帮助绘画者画出各种不同风格的图画作品。

概念画板

概念画板不仅是设计师的随身画板，更是"手残党"的好帮手。它最大的特点就是拥有无限制的画布，利用它绘制思维导图的时候不用担心画布不够用。它还有移动菜单、精确的测量工具，可以帮助"灵魂小画手"画出想要的画面。

Infinite Painter

Infinite Painter是一款轻量级的绘画工具，操作简便，导入的图片可以转化，也可以重新定义大小，还可以旋转、翻转，或根据自己的喜好重新着色。其普通版无法创建新图层；高级版需要付费解锁，高级版不仅有创建图层的功能，还有辅助线、渐变效果、图形工具、透视辅助等功能。

1.2.3　SketchUp＋Photoshop辅助绘图软件

环境设计专业的人员能使用的建模软件越来越多，目前主流的建筑建模、修图软件中适用于环境设计专业且使用感良好的主要有两款：SketchUp 和Photoshop（计算机版）。这两款软件与其他建模软件的操作逻辑相似，可在软件中建模、修图后导出作品，使用绘图软件上色。

SketchUp

SketchUp又名" 草图大师"， 是一款可用于创建、共享和展示 3D 模型的3D建模软件。它与3ds Max这类软件类似，是平面建模软件。SketchUp上的创作过程不仅能够充分表达设计师的思想，而且能够完全满足与客户即时交流的需求。它使得设计师可以直接在计算机上进行十分直观的构思，是建筑设计方案创作的优秀工具。

SketchUp分为试用版和专业版，专业版主要增加了CAD文件的导入功能，可以导入已有的建模资料。为SketchUp开发出的各种增强插件和辅助插件，可以使设计师在创建 3D 模型时更快速、更得心应手。

Photoshop

Photoshop软件主要处理由像素构成的数字图像，可以有效地进行图像编辑工作，其具有很多功能，如图像编辑、图像合成、校色/调色等，可以对图像进行复制、去除斑点、修补、修饰等，应用领域非常广泛。

第 2 章

空间色彩搭配

2.1
色彩基础知识

光是产生色彩的物理基础，也是产生色彩的第一要素。只有在光的照射下，人们才能感知物体的形态和颜色，没有光就没有颜色。

色彩三原色

色彩三原色是指红色、黄色、蓝色，从色彩原理上讲通过这3种颜色能调出大部分颜色，而通过其他颜色则不能调出这3种颜色。由于通过三原色不能调出纯黑色，只能调出深灰色，所以将黑色独立出来。

无彩色系

无彩色系有黑色、白色、灰色，色度学上称为黑白系列。无彩色系的颜色没有色相和纯度，只有明度变化。色彩的明度可以用接近黑色、白色的程度来表示，明度越高，越接近白色。

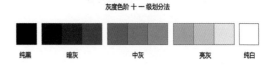

灰度色阶十一级划分法

独立色系

独立色系有金色、银色等。

有彩色系

有彩色系是光谱上呈现出的红色、橙色、黄色、绿色、青色、蓝色、紫色等颜色。

2.1.1 色彩三要素

明度、纯度、色相

明度包括两个定义：一是指一种颜色本身的明与暗，二是指不同色相之间存在着明与暗的差别。黄色为明度最高的颜色，紫色为明度最低的颜色。

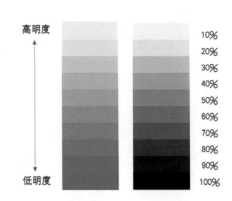

纯度指色彩的纯净程度，也称饱和度。纯度低的颜色，给人灰暗、淡雅或柔和之感。纯度高的颜色，给人鲜明、突出、有力之感，但是会感觉单调、刺眼。颜色混合太杂则容易感觉"脏"，色调灰暗。

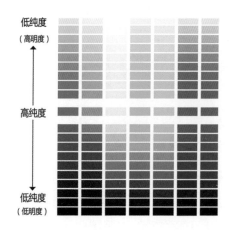

色相指色彩的相貌，是色彩最显著的特征。色相的不同是由光的波长的长短所决定的。

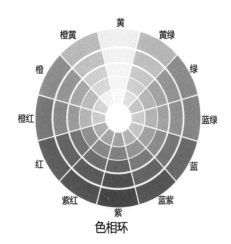

2.1.2　色调的统一与变化

空间色调统一

色彩的调和与统一是由色彩的三要素（明度、纯度、色相）通过处理、加工、整合实现的。在同一空间内对色彩进行归纳，有意识地降低或提高色彩的明度、纯度，使色彩的倾向色尽量大色彩趋同和小色块变化。

色调统一的画面能够带来舒适的、和谐的视觉印象和视觉感受，但是过于统一就会产生呆板、单调的负面效果。色彩变化丰富但没有形成统一色调，画面就会显得凌乱不堪。

同色调调和是指同一色彩在图纸中所占的面积较大、纯度接近、明度相同的主体统一与少量色彩变化的色调。

　　同明度调和是指色彩的明度为主要的色彩关系，相同明度的色彩占主导地位，少量纯度和明度变化起到丰富色彩的作用。

同色调调和

同明度调和

2.2
和谐式配色方法

2.2.1 互补色配色法

互补色: 在色相环中, 相隔180°的颜色为互补色, 如蓝色与橙色互补、红色与绿色互补、黄色与紫色互补。配色时, 选择一种颜色作为主色, 选择另一种颜色作为辅助色, 分配比例按7∶3或8∶2。在保持色相不变的基础上, 再改变互补色的明度、纯度, 可以得到和谐的色彩效果。

互补色可以加强画面整体颜色的对比度、拉开空间距离感, 可以表现出画面的气势与活力, 以及强烈的视觉冲击力, 而且互补色搭配也是非常现代、时尚的搭配。

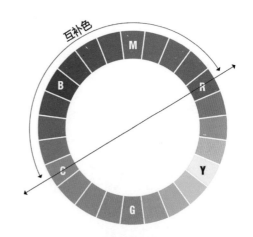

蓝色与橙色互补

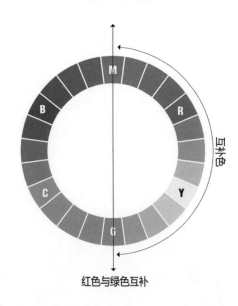

互补色

红色与绿色互补

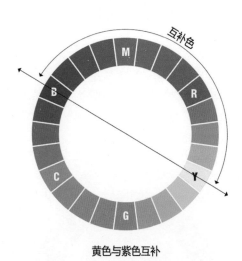

互补色

黄色与紫色互补

2.2.2 "二八"配色法

"二八"配色法，是指将颜色按2∶8的比例进行调配。色彩面积的调配不能等比例，可以是一种颜色保持较大面积形成主色，另一种颜色保持较小面积形成辅助色或点缀色。调色不仅是色相的调和，也是色彩明度、纯度的调和。

在实际调色过程中将大面积色彩换成小面积色彩，对比度自然减小。细碎的对比在视觉上没有那么强烈的刺激，同时还保持了彼此之间的互补效果。

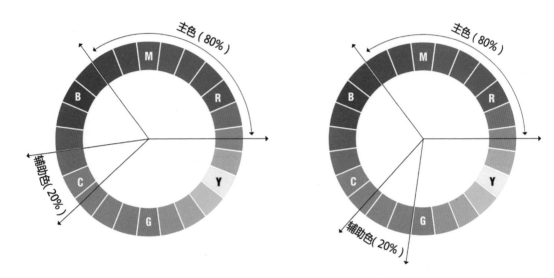

第 3 章

轻松掌握室内外设计
的透视与构图

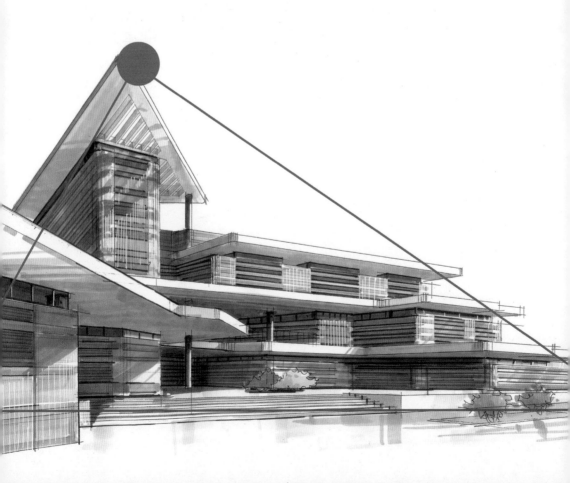

3.1
室内外设计透视基础知识

透视基础知识

透视——是绘画、雕塑等活动的观察方法和研究视觉空间的专业术语,可以用于归纳出视觉空间的变化规律。 用笔准确地将3D空间中的景物描绘到2D空间上,这个过程就是透视。"透视"一词来源于拉丁文"Perspclre",其本义就是指"视线穿透"。

透视图——将看到的物体依照透视规律在媒介上表现出来所得到的图。

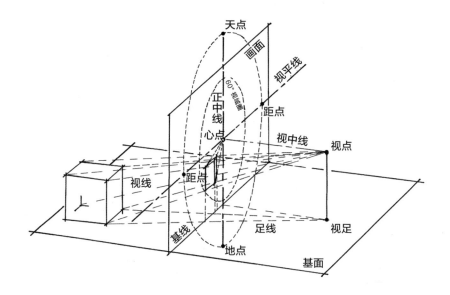

视点——人眼所在的地方、标识为S。

视平线——与人眼等高的一条水平线,标识为HL。

视线——视点与物体任何部位的假象连线。

视域——人眼所能看到的空间范围(分为有效视域、非有效视域)。

视锥——视点与无数条视线构成的圆锥体。

视中线——视锥的中心轴,又称中视点。

心点——又称主点,指观看者的眼睛正对视平线上的一点。

站点——观者所站的位置,又称停止或立点,标识为G。

距点——将视距的长度反映在视平线上心点的左右两边所得的两个点,标识为d。

余点——在视平线上,除心点、距点外,其他的点统称为余点,标识为V。

灭点——透视线的消失处。

测点——用来测量成角物体透视深度的点，标识为M。

基面——物体放置的平面，一般指地面，标识为GP。

基线——画面和基面相接的线叫基线，即取景框的底边，标识为PL。

画面——在视域内与视中线垂直的平面，这是观察物体的界面，称为画面。

视高——从视平线到基面的垂直距离，标识为h。

平面图——物体在平面上形成的痕迹，标识为N。

3.2
空间设计透视

一点透视

一点透视又叫平行透视，是指表现建筑、景观、室内空间物体的一种透视视角。一点透视图中有一个主要面平行且垂直于画面，除此之外，其余的形体透视线都要消失在一个点即灭点上，且灭点一定在视平线上。一点透视表现的内容范围广泛、涵盖的设计内容丰富，得到了普遍应用。

一点透视视角

两点透视

两点透视又叫成角透视，是指在观察建筑空间、室内空间、景观空间时呈现夹角的效果。两点透视空间的立面和立面上的垂线垂直于地面，空间场景的透视线消失于视平线上的两个灭点，并且视平线是水平的。

两点透视视角

3.3
室内外设计构图训练原理

构图

绘图时根据设计题材和主题构思的要求，把要表现的形象适当地组织起来，构成协调的、完整的画面，这称为构图。

3.3.1 三大构图形式

三角形构图

以3个视觉中心为景物的主要位置，形成一个稳定的三角形，其中斜三角形较为常见。三角形构图给人坚实、稳定、有力量的感觉，其在室内外设计图上的运用较多。采用三角形构图容易突出设计主体，强调设计内容，也更容易突出设计师的设计意图。

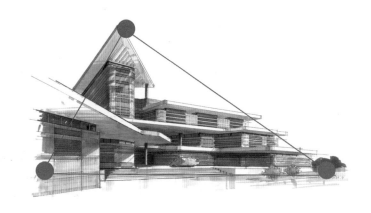

"S"形构图

"S"形构图是指将物体以"S"的形状从前景向中景、远景延伸，使画面具有纵深方向的空间关系的视觉感。"S"形构图常使人联想到蛇形运动，蜿蜒盘旋，以及人体曲线，富有流动感，富有空间感。建筑、景观设计中也经常采用"S"形构图。

矩形构图

矩形构图以矩形为主要的视觉中心,使观者的视线集中在矩形范围内。使用矩形构图的画面给人比较稳定的感觉,多数具有庄重、严肃的特点。

3.3.2 室内外设计构图审美形式的运用

设计元素主题突出

构图审美形式

主题是整个设计图的主体,突出主题是手绘表达的核心。

色彩面积的大小

突出审美形式

黑白面积对比也称留白构图,是当下较为流行的传统构图形式,利用的是大面积的浅色或白色与小面积深灰色的对比关系。留白不仅是留出空间、位置,也是留出想像空间。

色彩面积的对比,是大块色与小块色的对比,是色彩纯度的对比,是色彩明度的对比,是色彩多要素的统一、协调。

3.4
Procreate透视辅助工具

3.4.1　创建编辑绘图指引

打开"操作"面板,打开"绘图指引",编辑绘图指引,选择"透视"选项。调整想要的透视辅助线。

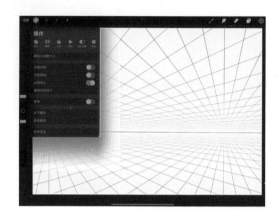

3.4.2　创建空间透视空间场景

先选择合适的视角和视平线高度(a),再对比一点透视图(b)和两点透视图(c),再选择绘图范围、视角、视平线的高度的不同。

a

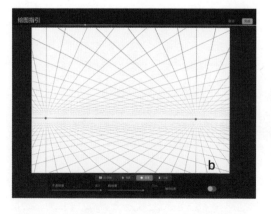

b

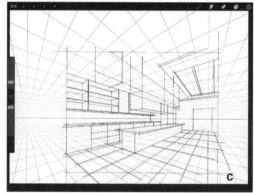

c

第 4 章

室内外设计中的材质表现技巧及其实际应用

4.1
木材材质表现技巧

4.1.1　常用木材材质笔刷及表现

案例一

本案例使用的笔刷

 6B 铅笔　 尼科滚动　 凝胶墨水笔

本案例使用的色彩

01 用"凝胶墨水笔"笔刷画出木材材质的边际线，再填充表现木材材质的色彩。

02 用灰色和深棕色"6B铅笔笔刷"画出木纹，线条应刻画得自然一些。

03 在步骤02的基础上选白色刻画木纹，以丰富画面效果。

04 用"6B铅笔"笔刷（色彩调成浅色），用同样的方法画木纹。

05 用"平画笔"笔刷画出木板上反光的效果。注意反光的区域要有大小变化。

4.1.2　客厅空间木材材质＋Photoshop辅助表现

本案例使用的笔刷

| 平画笔 | 哈茨山 | 湿亚克力 |
| 雨林 | 雪梭树 | 凝胶墨水笔 |

本案例使用的色彩

01 用"凝胶墨水笔"笔刷画出室内空间基本结构,注意比例、结构、透视要正确,线条要闭合。

02 用"填充"命令把体现材质的基本色彩填充上,同时注意物体的明暗关系。

03 用"平画笔"笔刷画出墙面、木板的明暗光影的变化。刻画沙发局部细节时要注意整体光影。

04 用"湿亚克力"笔刷为木质地板画出木纹。用"哈茨山"笔刷画出地毯的明暗关系，要注意笔触的轻重变化。

05 窗外的远景建筑用冷灰色表现，远景用"平画笔"笔刷画出远景建筑的基本形状。再用"雨林"笔刷画出天空中的云彩。窗外的植物用"雪桉树"笔刷表现。用"平画笔"笔刷刻画出抱枕的整体明暗变化和细节花纹。

06 选用灰色刻画玻璃隔断及玻璃隔断内部的结构，这样可体现透过玻璃看到内部的效果。

07 用"平画笔"笔刷刻画深黑色的玻璃框，使画面更完整。用"湿亚克力"笔刷刻画茶几和窗帘。

08 在Photoshop软件中添加花瓶、百叶窗窗帘等装饰品，注意色调、明暗、比例等要与画面整体统一。

09 最后的效果图。

4.1.3 室内空间木质地板表现

本案例使用的笔刷

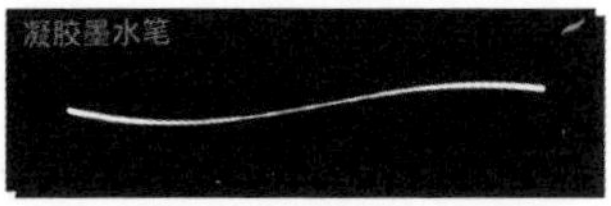

6B 铅笔　　　　　　　　平画笔　　　　　　　　凝胶墨水笔

本案例使用的色彩

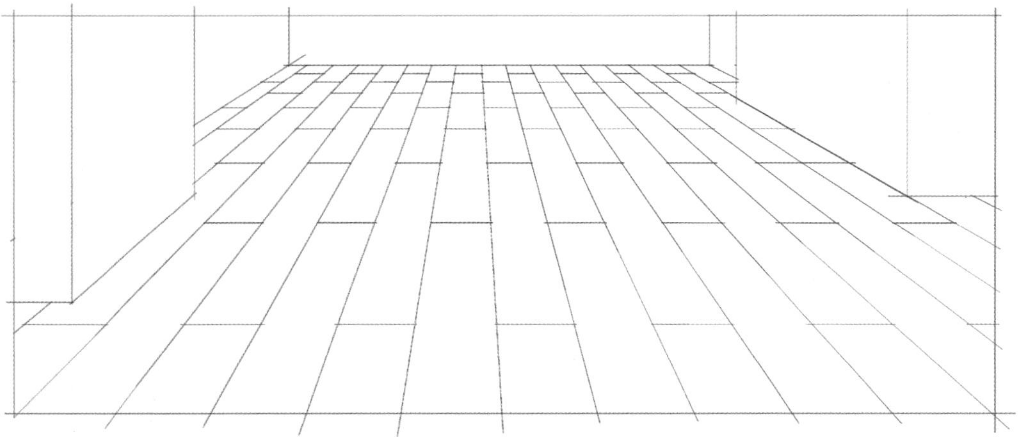

01 用"凝胶墨水笔"笔刷画出木质地板的结构。

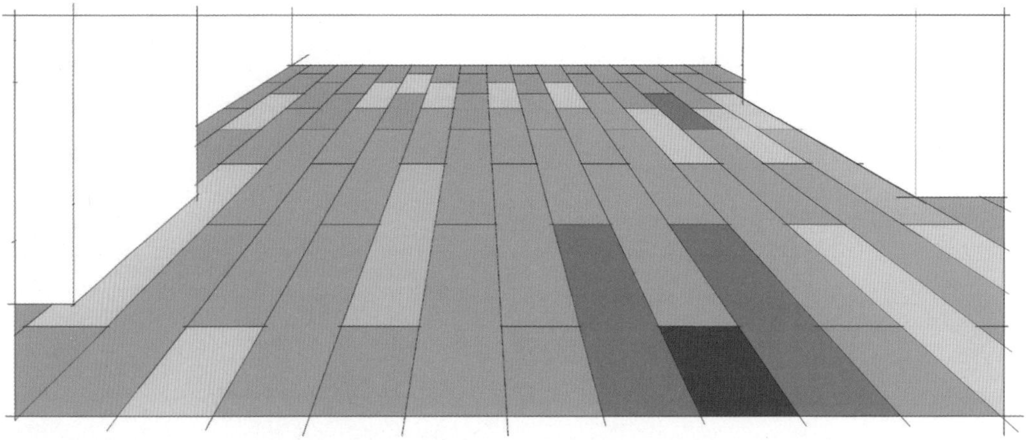

02 用"填充"命令为木质地板填充不同的颜色，使木质地板有颜色的变化。

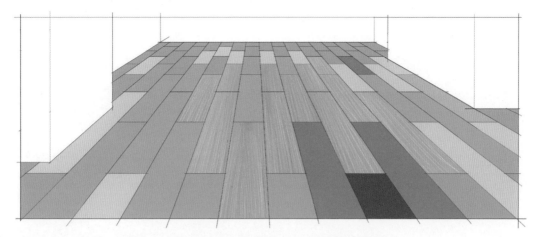

03 刻画中间区域的木质地板，用"6B铅笔"笔刷刻画细小的木纹，要求纹理自然。

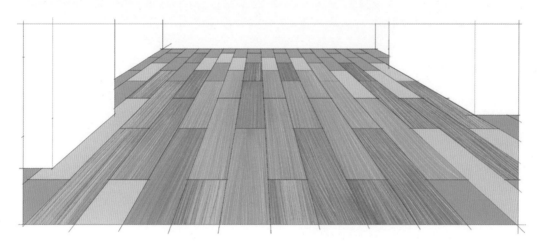

04 用同样的方法刻画近处的木板。色彩要有深浅的变化，使色彩看起来更加丰富。

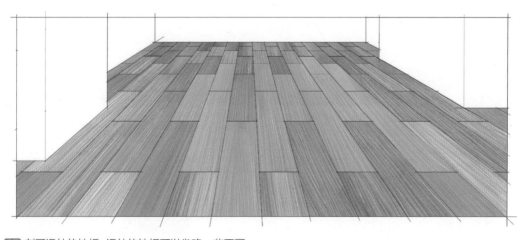

05 刻画远处的地板，远处的地板可以省略一些不画。

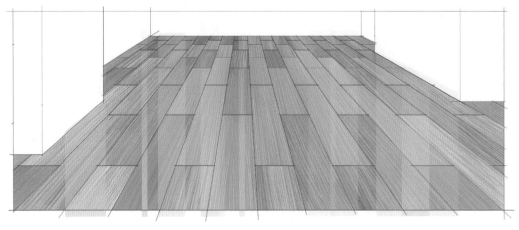

06 用浅白色的"平画笔"笔刷垂直画出宽窄不同的地板反光效果，使地板显得更加光洁。

4.2
石材材质表现技巧

4.2.1 常用石材材质笔刷及表现

案例一

本案例使用的笔刷

本案例使用的色彩

01 用"凝胶墨水笔"笔刷画出大理石材的基本颜色。

02 用"尼科滚动"笔刷画出粗犷的色块，颜色可以略浅些。

03 用"6B铅笔"笔刷、"HB铅笔"笔刷画出大理石材的纹理。大理石的纹理颜色有深褐色、灰白色等。

案例二

本案例使用的笔刷

本案例使用的色彩

01 用"凝胶墨水笔"笔刷画出大理石材的基本形状和蓝灰色的基本色。

02 用"尼科滚动"笔刷画出大色块，细小的大理石纹理用"6B铅笔"笔刷刻画。

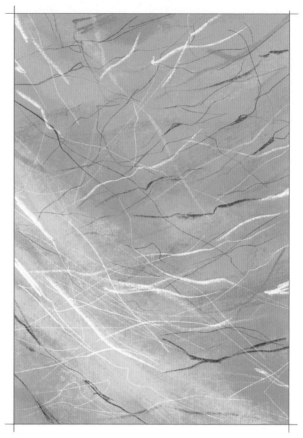

03 使用"尼科滚动"笔刷和"6B铅笔"笔刷反复刻画大理石材及细节纹理。

4.2.2 大理石材质桌子设计＋SketchUp辅助表现

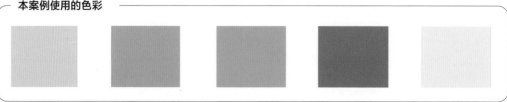

本案例使用的笔刷

尼科滚动　　　　哈赀山　　　　6B 铅笔　　　　凝胶墨水笔

本案例使用的色彩

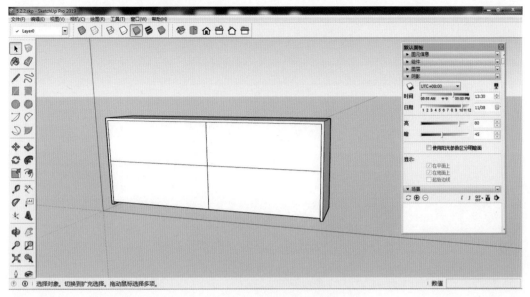

01 在SketchUp软件中建立3D模型，导出二维图形（调至想要的导出角度）。

02 在Procreate软件中插入照片，用"凝胶墨水笔"笔刷画出桌子的基本结构。

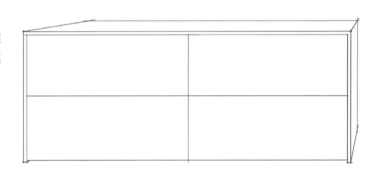

03 填充上桌子的基本色，注意桌子正面和侧面的对比。

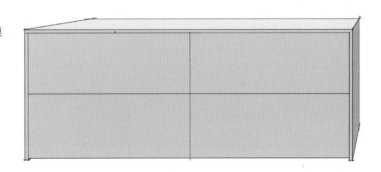

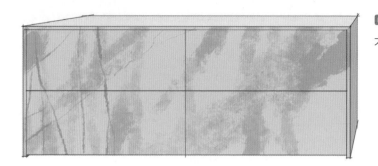

04 用"哈茨山"笔刷画出主要的
大理石纹理。

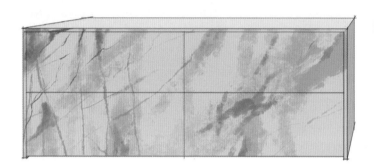

05 继续加深颜色，丰富细节。

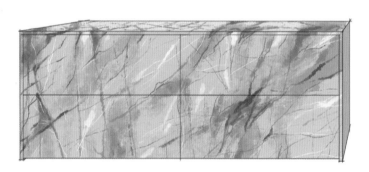

06 继续丰富细节，使纹理尽可能
与真实的大理石纹理一致。

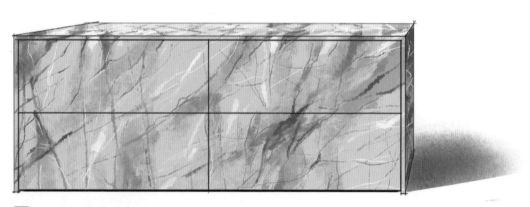

07 画出桌子的暗面与投影。

4.2.3 景观石墙材质＋SketchUp＋Photoshop辅助表现

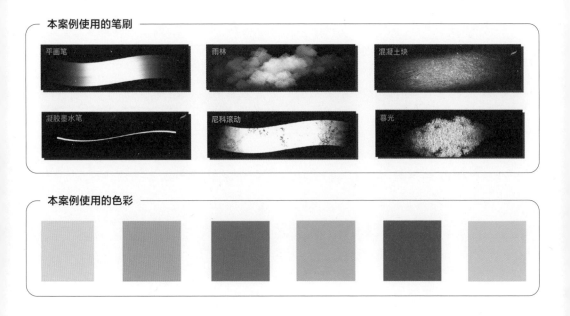

本案例使用的笔刷

平画笔　　　雨林　　　混凝土块

凝胶墨水笔　　　尼科滚动　　　暮光

本案例使用的色彩

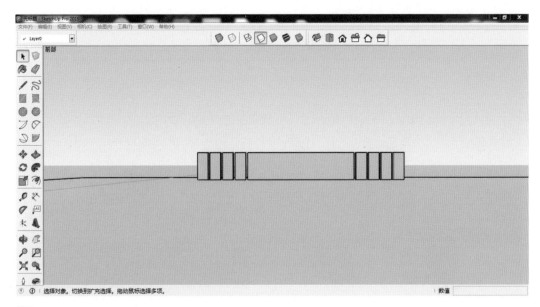

01 在SketchUp软件中建立3D模型，导出二维图形。

05 用"尼科滚动"笔刷画出地面的明度变化。用"暮光"笔刷刻画植物,绿色由深到浅以塑造植物形体。继续丰富植物细节。用"凝胶墨水笔"笔刷刻画出地面地砖的缝隙。

06 用"雨林"笔刷画出天空中的云彩的效果。然后用"平画笔"笔刷画出地面与景观墙面的高光。

07 在Photoshop软件中添加人物、飞鸟等,以丰富画面。

4.2.4 园林景观石质台阶＋SketchUp辅助表现

本案例使用的笔刷

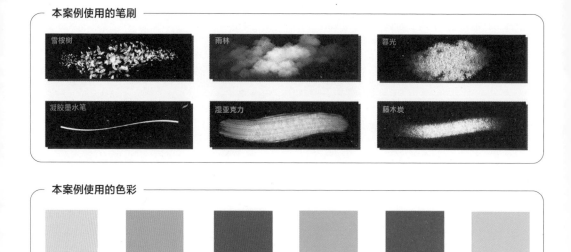

雪桉树	雨林	暮光
凝胶墨水笔	湿亚克力	藤木炭

本案例使用的色彩

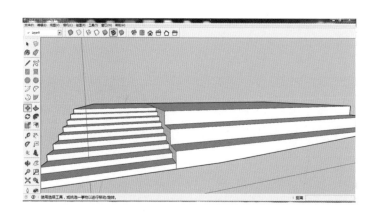

01 在SketchUp软件中建立3D模型。

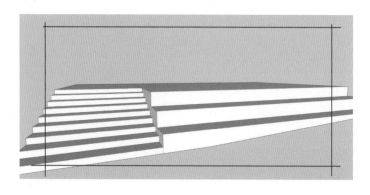

02 在SketchUp软件中导出二维图形。

03 在SketchUp软件导出的二维图形的基础上，用"凝胶墨水笔"笔刷画出台阶的细节，注意结构应刻画清晰。

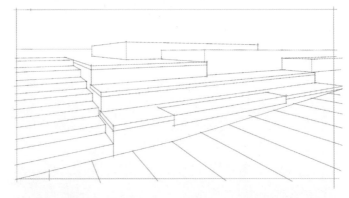

04 填充台阶的固有色，区分出台阶的明暗关系。

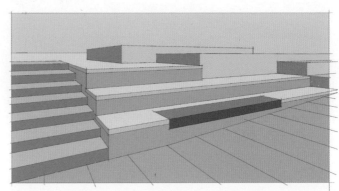

05 用"藤木炭"笔刷刻画台阶的亮面、暗面。用"湿亚克力"笔刷刻画木质长凳。

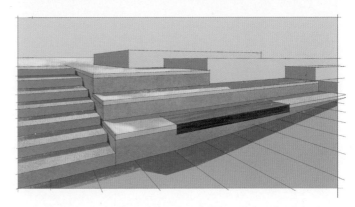

06 用"雪桉树"笔刷表现灌木。用"凝胶墨水笔"笔刷刻画木质长凳的缝隙与高光。用"湿亚克力"笔刷刻画木台阶上的高光。

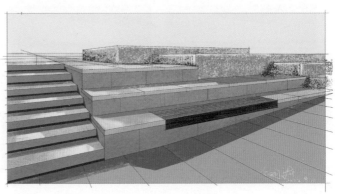

07 用"雨林"笔刷表现天空，用"暮光"笔刷表现远处的植物。

4.3
玻璃材质表现技巧

4.3.1 常用玻璃材质笔刷及Photoshop辅助表现

案例一

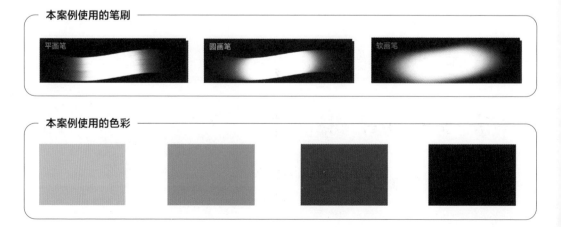

01 勾画出玻璃瓶的轮廓。

02 用"圆画笔"笔刷画出玻璃瓶的正面效果。选择深古铜色的作为瓶子的主要色彩。注意玻璃瓶的正面、侧面的反光效果。深色与浅色对比要强烈。

03 画出瓶口及瓶颈强烈的反光效果。

04 把玻璃瓶背面那隐约能看见的深色、浅色刻画出来。

案例二

本案例使用的笔刷

平画笔

凝胶墨水笔

湿亚克力

本案例使用的色彩

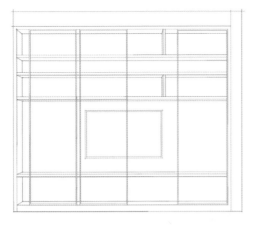

01 用"凝胶墨水笔"笔刷画出柜体的结构与玻璃拉门。

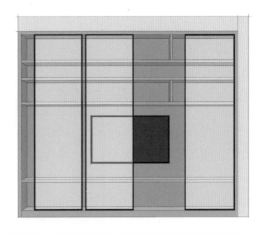

02 填充柜体的固有色。注意柜体色彩的深浅区别。

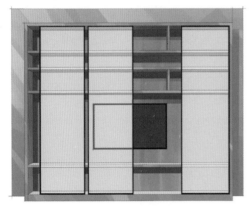

03 用"湿亚克力"笔刷刻画木板的纹理，木纹采用浅棕色，主要注意颜色变化细节的添加。柜体的投影部分用同色系的深色表现，注意深色投影区域面积大小的变化。用"平画笔"笔刷斜排线的效果刻画外框的墙体。

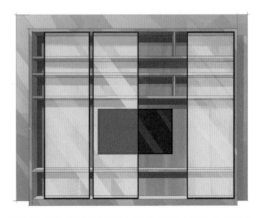

04 用"平画笔"笔刷斜向笔触刻画玻璃上和电视上的光影效果，斜向的笔触方向要一致。表现在表现玻璃时，注意画出能透过玻璃看到柜体内部结构的效果。

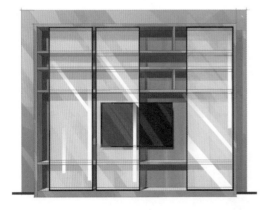

05 用"平画笔"笔刷画出玻璃的反光效果。同时强调柜体的投影。

06 用Photoshop软件添加装饰物品以丰富画面。

4.3.2 室内设计玻璃隔断表现

本案例使用的笔刷

| 平画笔 | 雪桉树 | 软画笔 |

本案例使用的色彩

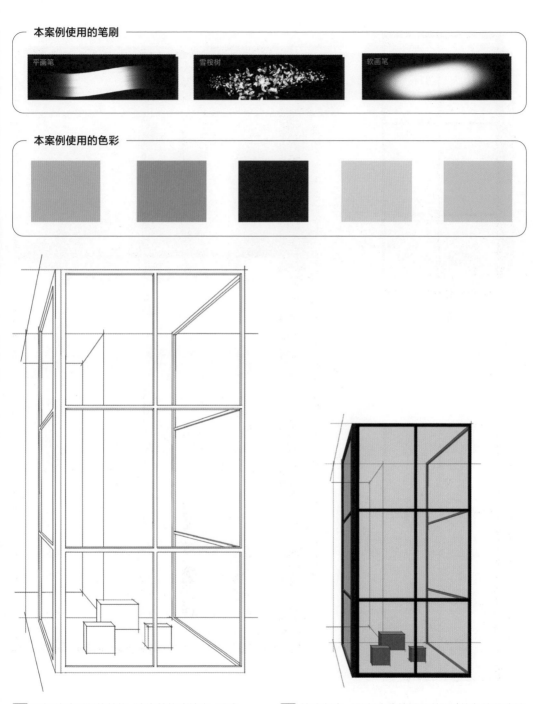

01 画好玻璃隔断的结构，注意结构应清晰、明确。

02 填充颜色，画出玻璃的透明效果（使色块明度降低或为每个区域单独填充上色）。亮面玻璃要在同一图层上。

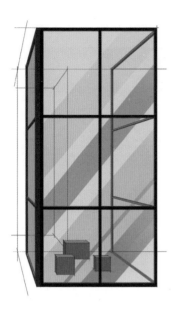

03 画出玻璃的反光效果。选取亮面图层,用"平画笔"笔刷画出玻璃的反射斜光线效果。

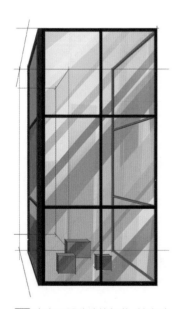

04 丰富正面玻璃的细节,扩充玻璃侧面的结构。

05 画出玻璃隔断内部的植物,注意区分玻璃的透明部分与不透明部分。

4.3.3 别墅玻璃门入口＋Photoshop辅助表现

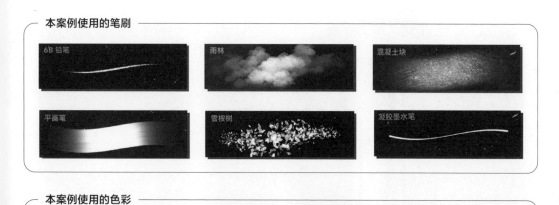

本案例使用的笔刷

| 6B 铅笔 | 雨林 | 混凝土块 |
| 平画笔 | 雪桉树 | 凝胶墨水笔 |

本案例使用的色彩

01 用勾线笔画出别墅入口的结构，明确建筑形体中间关系。

02 填充别墅材质的固有色。

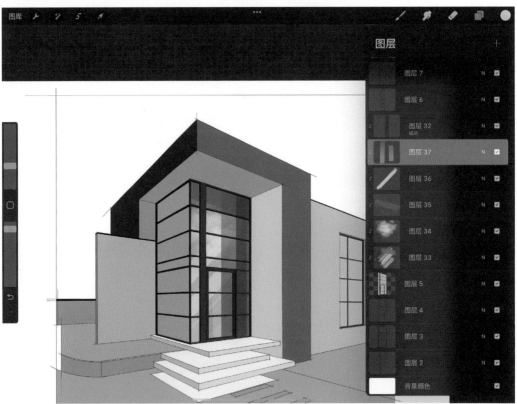

03 丰富别墅入口处的玻璃门效果。先画玻璃门反射天空的云彩，再画玻璃门上的斜线反光，最后画建筑在玻璃门上的投影效果。

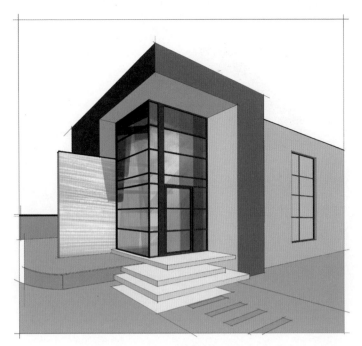

04 画别墅入口处玻璃的暗面，主要是画玻璃反射的墙体与天空的颜色、形状。用"6B铅笔"笔刷画入口处玻璃左边墙面的纹理。用"平画笔"笔刷刻画玻璃上的肌理效果，要画出反光的效果。

05 用"6B铅笔"笔刷表现别墅入口建筑的材质，暗面多用"平画笔"笔刷表现，用"雪桉树"笔刷表现草地的肌理，右边建筑墙体的颜色是灰色填充的。

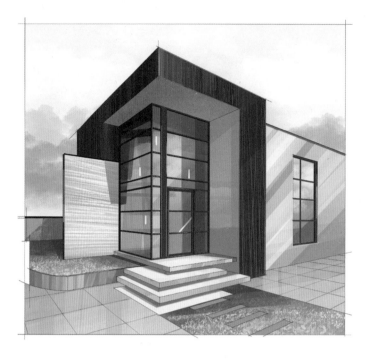

06 用"平画笔"笔刷丰富别墅入口右边的墙体，用"雨林"笔刷表现玻璃窗里面的细节，玻璃的表现方式与前面的方式相同。用"雨林"笔刷表现天空中的云彩。用白色的"平画笔"笔刷表现玻璃窗上的高光，使玻璃窗更有质感。用"凝胶墨水笔"笔刷刻画地砖，地砖的透视要准确。

07 用Photoshop软件添加植物、花卉，丰富画面效果，注意花卉前后遮挡关系，同时注意前景、中景、远景植物颜色的对比。

案例二

本案例使用的笔刷

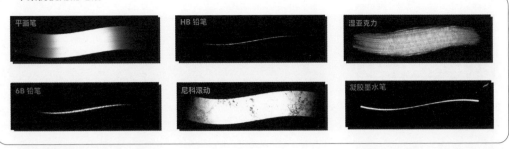

平画笔　HB 铅笔　湿亚克力
6B 铅笔　尼科滚动　凝胶墨水笔

本案例使用的色彩

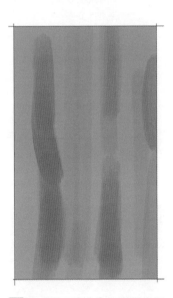

01 用"凝胶墨水笔"笔刷和"色彩填充"笔刷画出木纹的基本色彩。

02 用"湿亚克力"笔刷画出深色、浅色的木纹区域。

03 用"HB铅笔"笔刷画出木纹的结构，注意色彩要有深浅变化，纹理应自然。

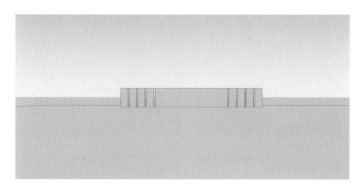

02 从SketchUp软件中导出的二维图形可方便后面画图。

03 在Procreate软件中插入照片，用"凝胶墨水笔"笔刷表现出景观墙周边的植物和路灯，注意线条要闭合，为后面画图打下基础。

04 填充物体的固有色，要使用多种纯度的绿色。画出景观墙面的细节，同时画出光影效果。

4.4
金属材质表现技巧

4.4.1 常用金属材质笔刷及表现

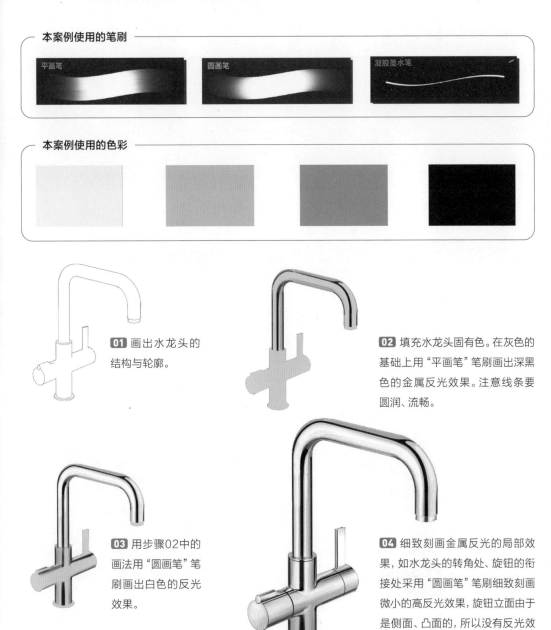

本案例使用的笔刷

平画笔

圆画笔

凝胶墨水笔

本案例使用的色彩

01 画出水龙头的结构与轮廓。

02 填充水龙头固有色。在灰色的基础上用"平画笔"笔刷画出深黑色的金属反光效果。注意线条要圆润、流畅。

03 用步骤02中的画法用"圆画笔"笔刷画出白色的反光效果。

04 细致刻画金属反光的局部效果,如水龙头的转角处、旋钮的衔接处采用"圆画笔"笔刷细致刻画微小的高反光效果,旋钮立面由于是侧面、凸面的,所以没有反光效果出现。

4.4.2 金属材质构件表现

本案例使用的笔刷

本案例使用的色彩

01 用"凝胶墨水笔"笔刷画出构件的结构。

02 填充固有色,区分明暗变化。

03 用"平画笔"笔刷表现金属材质表面注意随着透视线的方向运笔,以及整体的明暗变化。

04 用"中等喷嘴"笔刷刻画投影部分,丰富构件的色彩,强化质感。

第 5 章

室内陈设与
室外景观搭配表现

5.1
室内墙面与窗户表现技巧 + SketchUp + Photoshop辅助绘图

5.1.1 客厅电视背景墙设计 + Photoshop辅助绘图

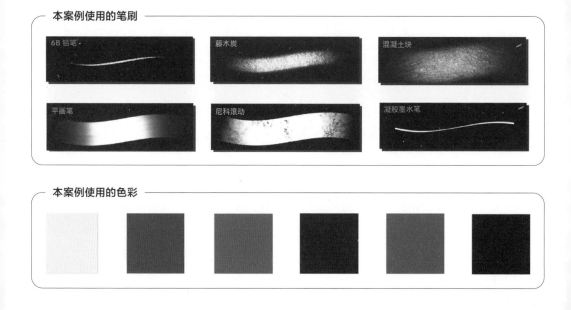

本案例使用的笔刷

| 6B 铅笔 | 藤木炭 | 混凝土块 |
| 平画笔 | 尼科滚动 | 凝胶墨水笔 |

本案例使用的色彩

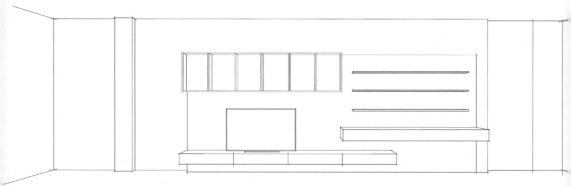

01 用"凝胶墨水笔"笔刷画出电视背景墙线稿。

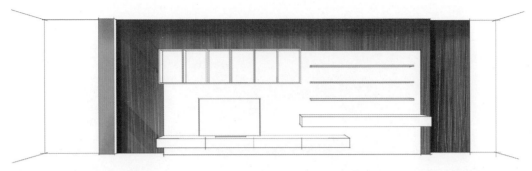

02 用深棕红色搭配"6B铅笔"笔刷画出背景墙的木质效果，注意墙面投影部分的明暗变化。用"平画笔"笔刷斜画出背景墙上的光影效果。

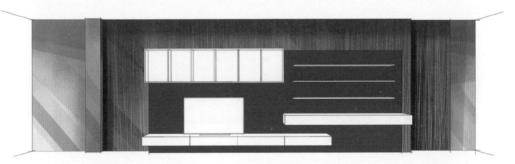

03 用灰白色搭配"尼科滚动"笔刷刻画墙面，注意编排笔触以更好地表现墙面光影效果。背景墙中间区域用深灰色填充。

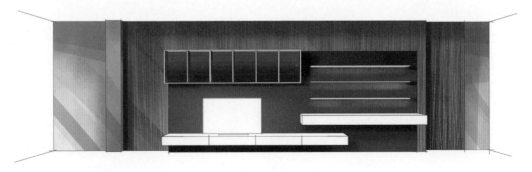

04 用深黑色画金属墙面，用"藤木炭"笔刷刻画物体的投影部分。

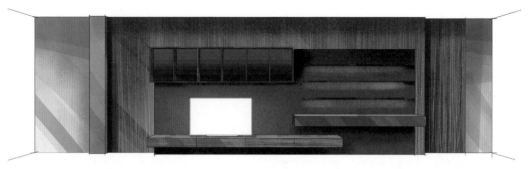

05 用"平画笔"笔刷刻画背景墙上的抽屉、隔板、架子的明暗关系，再用"6B铅笔"笔刷刻画抽屉上的木纹肌理，同时斜画线以表现光影效果。

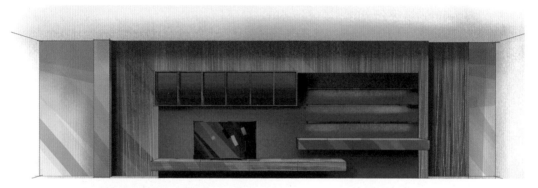

06 用深蓝色"平画笔"笔刷刻画电视屏幕的反光效果，用"藤木炭"笔刷刻画顶棚。

07 用Photoshop软件添加一些装饰品，并画出地面，以丰富画面。

5.1.2 室内窗户设计表现技巧

案例一

本案例使用的笔刷

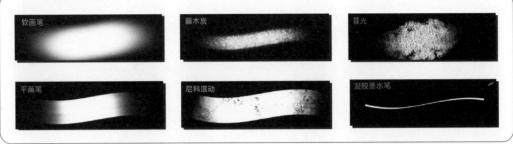

软画笔　　　　　藤木炭　　　　　暮光

平画笔　　　　　尼科滚动　　　　凝胶墨水笔

本案例使用的色彩

01 刻画窗户的结构，通过"绘图指引"命令可以使透视线条画得更准确。

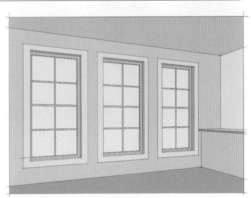

02 填充固有色，同时注意明暗变化。

03 画窗外植物和地面。窗外的透视线与室内的透视线要保持一致。

04 完善细节，主要是用"平画笔"笔刷表现光影的效果。

案例二

本案例使用的笔刷

尼科滚动　　平画笔　　凝胶墨水笔　　暮光

本案例使用的色彩

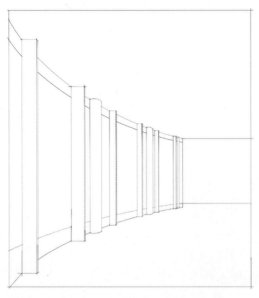

01 用"凝胶墨水笔"笔刷刻画玻璃窗的基本结构。

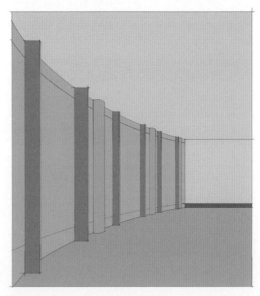

02 新建图层，填充玻璃的固有色。填充的颜色应接近真实的玻璃颜色。

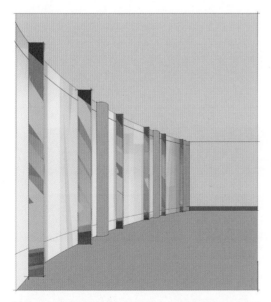

03 用"平画笔"笔刷表现玻璃的坚硬质感，主要采用垂直笔触和斜线笔触表现方式刻画左边的玻璃结构与效果。

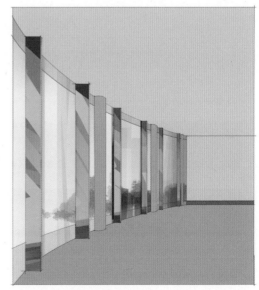

04 用"暮光"笔刷画出玻璃窗外的植物，以便更好地表现出玻璃窗通透的效果。

05 在玻璃窗的边缘用深蓝色和"平画笔"笔刷表现玻璃的结构，在玻璃窗的亮面添加白色，以表现玻璃的光泽。用"尼科滚动"笔刷表现顶棚与地面，注意深浅变化。用"凝胶墨水笔"笔刷刻画地砖效果，注意空间透视要正确。

5.1.3　室内空间玻璃隔断设计案例表现

本案例使用的笔刷

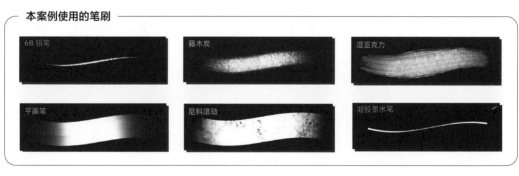

本案例使用的色彩

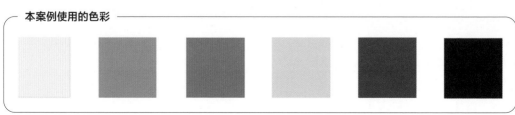

01 画室内空间线条，注意结构要表现清楚，顶棚装饰线、门口装饰线、床、抱枕等要刻画正确。

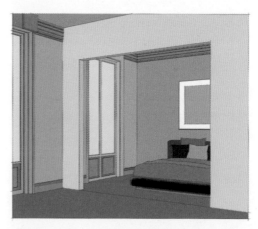

02 填充固有色，尽量使填充的颜色与物体的固有色相一致。

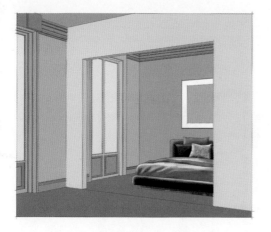

03 用"藤木炭"笔刷表现墙面的质感与光影效果。体现出墙面近处浅，远处深的视觉效果。用深棕色填充作为地板的基本色调。

04 用"藤木炭"笔刷表现墙面的质感与光影效果（墙面近处颜色浅，远处颜色深）。

05 刻画窗外的植物。窗外的植物颜色主要以绿色、灰色为主，植物越远颜色越偏灰色。

06 卧室空间画好后，添加玻璃隔断。玻璃用淡蓝色表现并调低透明度，使玻璃更有通透的效果。

07 用"湿亚克力"笔刷画出地板的效果。

5.2
室内陈设表现与笔刷技巧

5.2.1 台灯造型设计表现

案例一

本案例使用的笔刷

  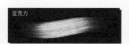 

本案例使用的色彩

01 打开"绘图指引"辅助工具，画出台灯的轮廓。注意整体应左右对称。

02 填充基本色，用"亚克力"笔刷刻画灯罩。注意新建图层，以便于后续的修改。

03 用"藤木炭"笔刷绘制台灯基座，重点塑造圆柱体的体积感。用"中等喷嘴"笔刷绘制灯罩下方的光感。

04 用"中等喷嘴"笔刷画出灯光照射在墙面的效果。用暖色与"凝胶墨水笔"笔刷表现桌面轮廓与颜色，可使空间感更强。

案例二

本案例使用的笔刷

平画笔

6B 铅笔

中等喷嘴

本案例使用的色彩

01 画出台灯的轮廓。

02 填充台灯的背景色。

03 用"中等喷嘴"笔刷搭配白色画灯罩的光照效果。用"中等喷嘴"笔刷表现灯座的玻璃瓶体积感，用"6B铅笔"笔刷画玻璃瓶身上的画国画花朵，再用"平画笔"笔刷画出玻璃瓶反光的质感。

04 用"中等喷嘴"笔刷刻画灯光照射在墙面的效果，同时桌面也用"中等喷嘴"笔刷来表现。

5.2.2 室内装饰品表现技巧

案例一

本案例使用的笔刷

本案例使用的色彩

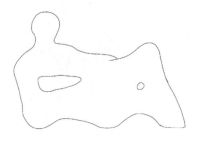

01 刻画轮廓。

02 用"藤木炭"笔刷搭配灰色表现出雕塑的基本形体的凹凸变化，主要表现的是光影关系。

03 用"轻触"笔刷画出石质的效果。

04 用"中等喷嘴"笔刷刻画、调整雕塑的高光处，添加投影增强雕塑的空间效果。

案例二

本案例使用的笔刷

平画笔　　　　　　圆画笔　　　　　　凝胶墨水笔

本案例使用的色彩

01 画出小熊的轮廓，要求线条圆润。

02 填充颜色。为每个部分分别建立不同的图层。

03 用"平画笔"笔刷表现圆润的身体，注意要随着形体的结构去刻画。用"平画笔"笔刷刻画形体暗面，用"圆画笔"笔刷搭配白色刻画形体上的高光。

04 随着头部的方向去刻画头部的光影。用"圆画笔"笔刷表现高光效果，注意要随着形体的结构去刻画。用"圆画笔"笔刷搭配蓝色颜色画鼻子的光感。

05 添加地面上的投影和小熊身上的高光，使小熊看起来更有质感。

5.3
SketchUp＋Photoshop＋笔刷绘制室内家具表现技巧

5.3.1 单体与组合沙发设计＋SketchUp＋Photoshop辅助绘图

案例一

本案例使用的笔刷

本案例使用的色彩

01 画流线型沙发的线稿，可以反复修改直到线条饱满、流畅。

02 填充色块，注意区分明暗变化。

03 用"中等喷嘴"笔刷刻画皮革褶皱纹理，用"藤木炭"笔刷搭配深棕色刻画沙发暗面与灰面的肌理，注意沙发的整体效果。

04 用与步骤03相同的笔刷表现抱枕。

案例二

本案例使用的笔刷

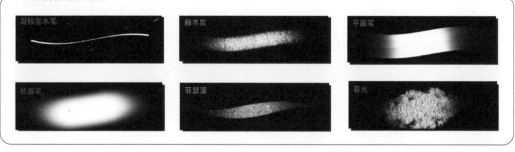

凝胶墨水笔　藤木炭　平画笔

软画笔　菲瑟涅　暮光

本案例使用的色彩

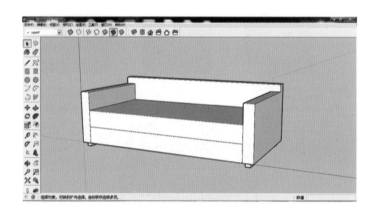

01 在SketchUp软件中绘制沙发的基本结构。

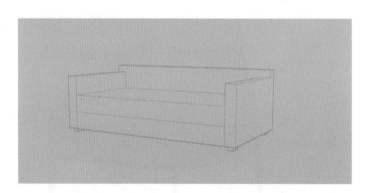

02 从SketchUp软件中导出二维图形，以方便在Procreate软件中绘制。

03 用"凝胶墨水笔"笔刷刻画沙发、抱枕等的细节,注意抱枕的前后遮挡效果处理。

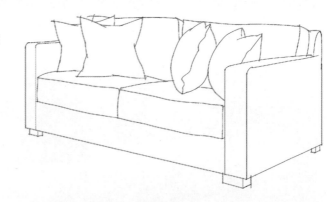

04 填充固有色。

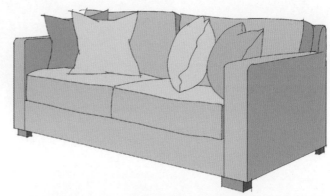

05 用"菲瑟涅"笔刷、"暮光"笔刷、"软画笔"笔刷、"藤木炭"笔刷绘制沙发主体。运用素描造型的手法塑造沙发体块。

06 用"菲瑟涅"笔刷、"软画笔"笔刷表现抱枕和沙发的光影效果,颜色以灰色为主。

07 用"藤木炭"笔刷表现地面的光影效果。

案例三

本案例使用的笔刷

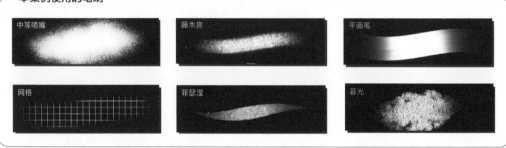

本案例使用的色彩

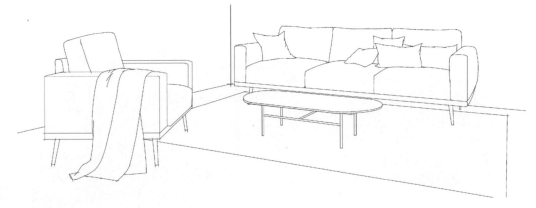

01 用"凝胶墨水笔"笔刷绘制组合沙发的线稿。

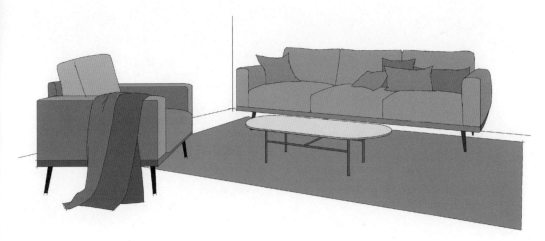

02 填充颜色，注意区分明暗关系。

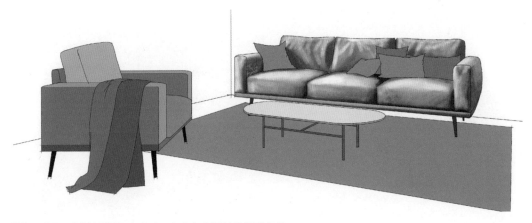

03 用"藤木炭"笔刷搭配灰绿色、灰白色刻画沙发褶皱细节。

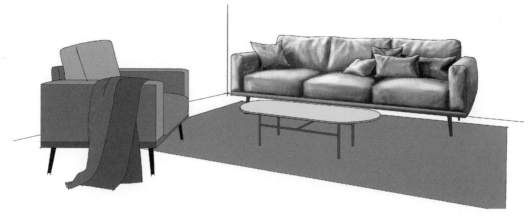

04 用"藤木炭"笔刷刻画抱枕褶皱，主要强调明暗关系。

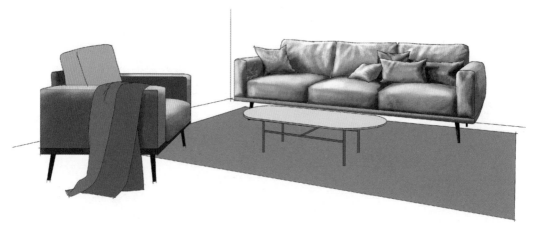

05 用"暮光"笔刷刻画左边的沙发，沙发暗面色彩偏深，投影的位置用深暖灰色表现。注意色调的变化。

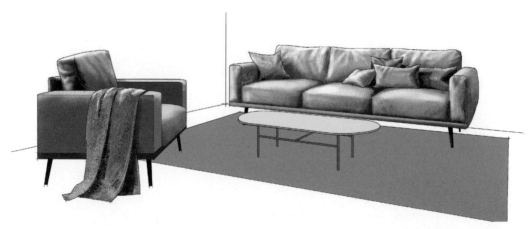

06 用"藤木炭"笔刷搭配灰色表现沙发搭巾，注意褶皱处的明暗变化。用"藤木炭"笔刷搭配暖黄色、暖白色表现沙发靠背处的褶皱，注意光影的方向。

07 丰富画面，把地毯与墙面表现出来，要求色调统一。

08 用Photoshop软件添加装饰品，同时调整画面的整体色彩。

5.3.2　床体设计＋SketchUp＋Photoshop辅助表现

案例一

本案例使用的笔刷

软画笔	藤木炭	平画笔
凝胶墨水笔	紫薇	尼科滚动

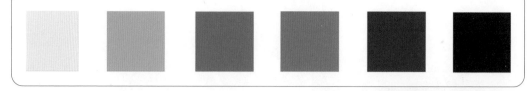

01 用"凝胶墨水笔"笔刷绘制床体的线稿。

02 填充床体、床头柜、抱枕等的固有色。

03 做好图层的划分，选择适当的图案如"紫薇"笔刷表现床旗纹理，用"藤木炭"笔刷搭配棕色、灰色表现抱枕的局部，要注意明暗关系。

04 用"藤木炭"笔刷表现床罩等布料的褶皱，使用的基本是素描的画法。

05 用"尼科滚动"笔刷、"软画笔"笔刷、"藤木炭"笔刷等表现抱枕细节，重点是塑造形体。

06 用"藤木炭"笔刷表现地面上的投影，用"平画笔"笔刷表现床头柜的质感与阴影等细节。

案例二

本案例使用的笔刷

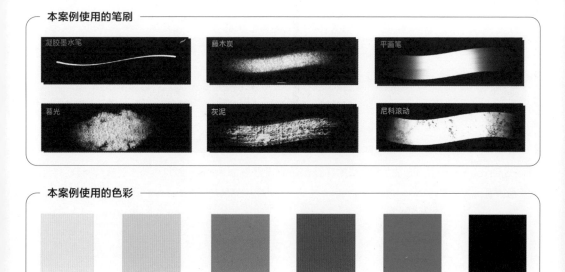

本案例使用的色彩

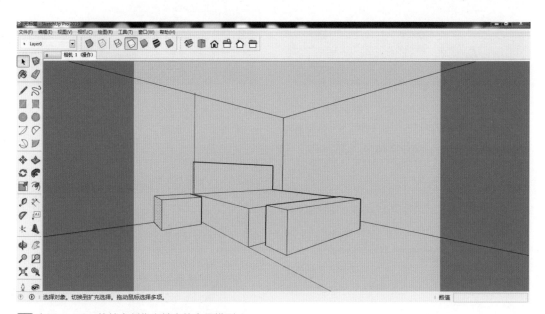

01 在SketchUp软件中制作出基本的家具模型。

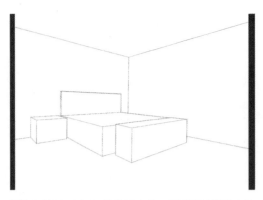

02 在从SketchUp软件导出的二维图形的基础上绘制家具线稿。

03 在Procreate软件中插入照片,再通过"绘图指引"辅助创建线稿图层,用"凝胶墨水笔"笔刷画出床体等的结构。

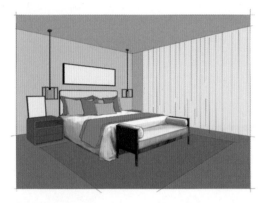

04 填充基本色。用"尼科滚动"笔刷表现床罩的纹理,形体的塑造根据素描的表现手法实现。床尾凳的表现重点是斜线光感,同时突出明暗对比的效果。

05 用步骤04中的方法画出抱枕与床旗的光影效果,突出质感。

06 用"灰泥"笔刷、"尼科滚动"笔刷表现地面与地毯,运笔可以自由灵活一些。用"平画笔"笔刷表现床头柜光洁的质感。用"平画笔"笔刷搭配暖灰色和灰色刻画墙面与顶棚的光影效果。用"尼科滚动"笔刷搭配红色、灰色刻画床上的枕头与抱枕,注意明暗变化与颜色的变化。

07 用"暮光"笔刷表现墙面上的国画。注意画面内容要虚实有度。

08 添加装饰物,把装饰物表现完整。要注意画面整体的效果,颜色不能过深,物体细节应刻画清晰。窗帘的颜色用"尼科滚动"笔刷搭配灰色表现窗帘的半透光效果。用"软画笔"笔刷表现床头灯的灯光效果。用"暮光"笔刷表现床头柜上的装饰画。

5.3.3 柜体设计表现技巧

本案例使用的笔刷

本案例使用的色彩

01 勾画线稿。若要保留线稿，线稿的线条要纤细一些。

02 填充柜体的固有色。在画金属柜腿时要使用"绘图指引"辅助命令，以画出直线线条。

03 用"6B铅笔"笔刷表现大理石材质、木材材质，线条应灵活多变。

04 刻画书本、花卉、大理石球等细节。可用"圆画笔"笔刷表现花卉与花瓶效果。

05 表现投影效果。

5.3.4 餐桌、餐椅设计＋SketchUp＋Photoshop辅助表现

案例一

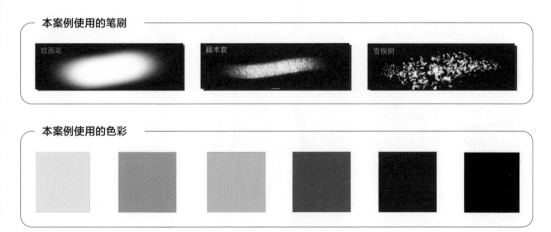

本案例使用的笔刷

软画笔　　　　藤木炭　　　　雪桉树

本案例使用的色彩

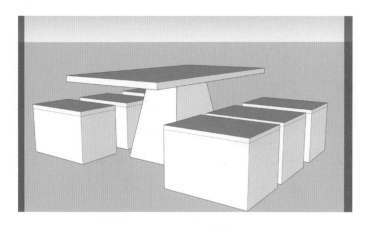

01 用SketchUp软件绘制出桌椅的基本结构。

02 衔接SketchUp软件画的基本结构的基础上，丰富椅子结构细节和餐桌上的装饰物，在表现餐桌、餐椅时重点注意透视、比例、结构和结构细节如椅子的腿的转角处凳面的转角处等。在软件上画图比在纸上画图要容易一点，但是在软件上画线条要难一点。

03 填充固有色。要把图层区分开，以便于后面画图。

04 画大理石的纹理（参见第4章）第2节中讲的。注意大理石上的投影要表现得自然一些。桌面上花钵与杯子填充上灰色与浅蓝色，作为它们的基本色调。

05 用"平画笔"笔刷表现桌面、椅子的光洁效果。用"藤木炭"笔刷刻画椅子细节。用"藤木炭"笔刷表现白色的椅细节，要注意明度对比。

06 用"平画笔"笔刷、"雪桉松"笔刷刻画玻璃杯、盘子、花等物品及细节。

案例二

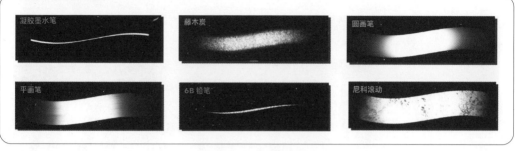

凝胶墨水笔　　藤木炭　　圆画笔

平画笔　　6B 铅笔　　尼科滚动

本案例使用的色彩

01 用"凝胶墨水笔"笔刷画出物品轮廓。注意画流线型的椅子时线条要自然、流畅。

02 填充固有色并区分图层。

03 用"藤木炭"笔刷表现椅子的柔软质感，主要强调明暗关系塑造。用"平画笔"笔刷表现椅子腿的立体效果。

04 用"平画笔"笔刷表现桌面的光洁，同时要有一定的光感，避免画得过黑、过实。

05 用"圆画笔"笔刷表现餐具，要让杯子表现得更圆润一些。用浅蓝色和紫色表现餐具颜色。

07 用Photoshop软件添加花卉等，以丰富画面。

5.4
SketchUp + Photoshop + 笔刷绘制楼梯表现技巧

5.4.1 双跑楼梯设计表现技巧

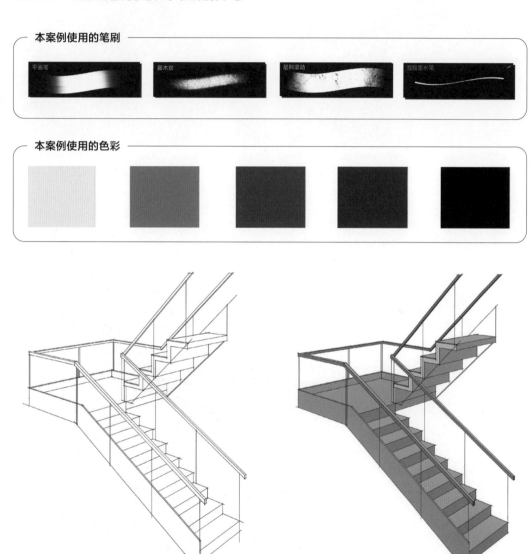

本案例使用的笔刷

平画笔　　湿水炭　　尼料滚动　　凝胶墨水笔

本案例使用的色彩

01 用"凝胶墨水笔"笔刷画出楼梯的结构。　　**02** 填充固有色并区分图层。

03 用"平画笔"笔刷表现台阶的质感。注意画台阶时不要出现斜面，要画出落在台阶上的投影。

04 用"平画笔"笔刷表现台阶立面的光感与质感。

05 刻画扶手及楼梯投影，区分明暗关系。

5.4.2 室内楼梯设计＋SketchUp＋Photoshop辅助表现

案例一

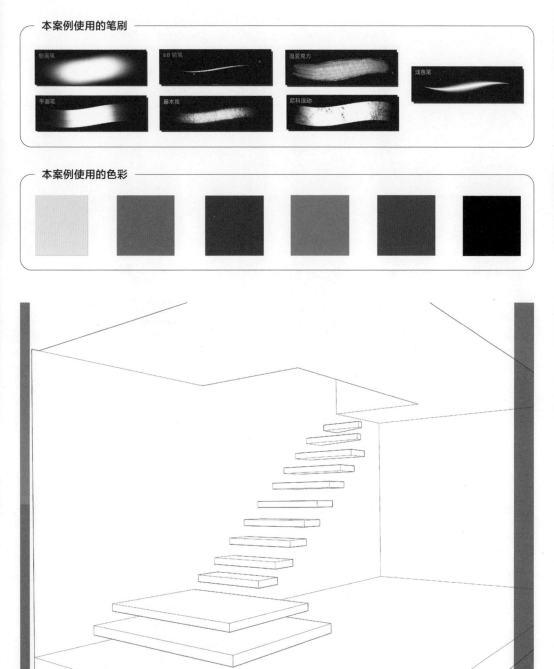

本案例使用的笔刷

软画笔　　6B铅笔　　温亚克力　　浅色笔

平画笔　　藤木炭　　尼科滚动

本案例使用的色彩

01 用SketchUp软件制作楼梯的模型。

02 在SketchUp模型的基础上绘制楼梯，为后面的着色打下基础。

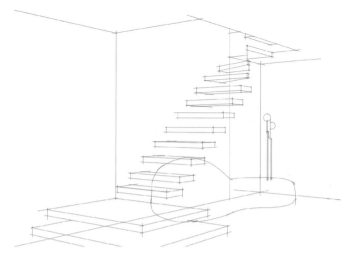

03 用"湿亚克力"笔刷搭配暖灰色刻画左边的大理石墙面，用"平画笔"笔刷搭配棕色和灰色表现楼梯的材质。用"尼科滚动"笔刷、"6B铅笔"笔刷搭配灰色表现第一第二步大理石台阶，笔触的画法要自然。

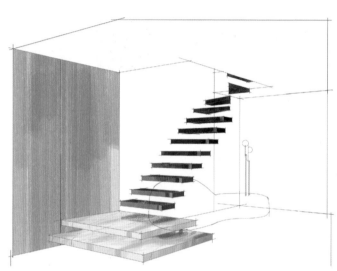

04 用"尼科滚动"笔刷刻画中间的大理石，再用"6B铅笔"笔刷搭配深灰色、浅灰色表现大理石上面的纹理，为画好大理石纹理可以多观察实物。重点要注意光感的表现。

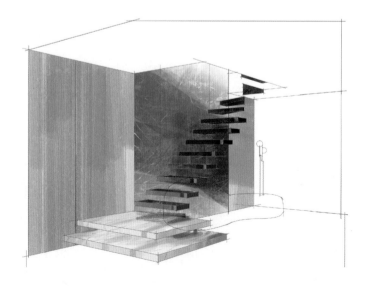

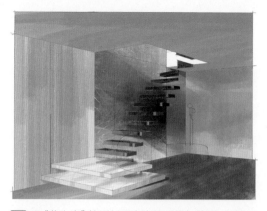

05 用"藤木炭"笔刷刻画右边的顶棚与墙面，仍然采用灰色晕染。用"湿亚克力"笔刷、"尼科滚动"笔刷搭配深棕色、浅棕色交替刻画地板。注意透视效果要一致，明暗关系要正确。

06 用"软画笔"笔刷、"尼科滚动"笔刷、"藤木炭"笔刷刻画楼梯下面的沙发及光影效果。注意利用素描方法塑造形体。

07 用"平画笔"笔刷表现楼梯的玻璃扶手，注意图层的切换，同时要调整图层的透明度，主要注意玻璃的光影效果。用"平画笔"笔刷刻画地板的反光效果，主要采用垂直的表现方式。墙面上的灯带用"浅色笔"笔刷表现。

案例二

凝胶墨水笔　　雨林　　湿亚克力

平画笔　　暮光　　尼科滚动

本案例使用的色彩

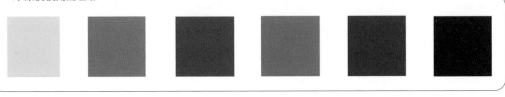

01 勾画线稿。

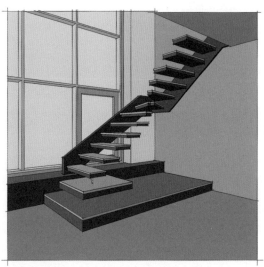

02 填充固有色。要区分不同形体的图层。

03 刻画右边的墙面。用"尼科滚动"笔刷表现出大理石的纹理。同时用"平画笔"笔刷刻画光影。用"平画笔"笔刷表现玻璃与窗框,使玻璃更有质感。

04 用"雨林"笔刷表现窗外面的天空。用"平画笔"笔刷搭配蓝灰色表现窗外的建筑,用"暮光"笔刷刻画窗外的植物。用"平画笔"笔刷表现玻璃光感。

05 用"凝胶墨水笔"笔刷表现地板块,用"尼科滚动"笔刷、"湿亚克力"笔刷搭配棕色表现地板的纹理。

06 用"平画笔"笔刷搭配深灰色表现楼梯的金属架子。用"尼科滚动"笔刷表现楼梯上的投影,主要注意光影的变化与透视合理。

07 用Photoshop软件添加植物，调节画面色调。

5.4.3 室外楼梯设计表现技巧

本案例使用的笔刷

本案例使用的色彩

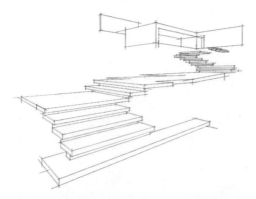 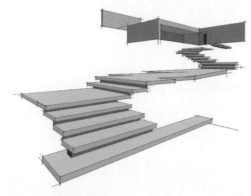

01 使用"绘图指引"辅助命令,用"凝胶墨水笔"笔刷画出楼梯的结构。

02 填充楼梯的固有色,同时区分图层。

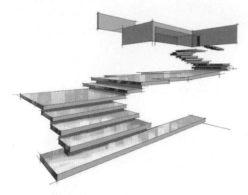 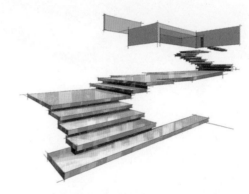

03 用"尼科滚动"笔刷表现楼梯的质感与光影效果。要注意线条的疏密变化。

04 增强楼梯的光影效果与质感。

05 用"暮光"笔刷表现主要的植物区域,次要的植物部分可以先不画。近处的绿色与远处的绿色要形成对比。

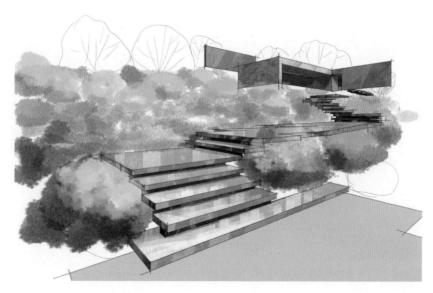

06 用冷绿色表现远处的树木。用"凝胶墨水笔"笔刷刻画近处的地砖，用"平画笔"笔刷搭配冷灰色表现地面的色彩。

07 用"微光"笔刷刻画近景植物细节，把植物的明暗关系刻画得更加细致。

5.4.4 建筑入口台阶设计SketchUp＋Photoshop辅助表现

本案例使用的笔刷

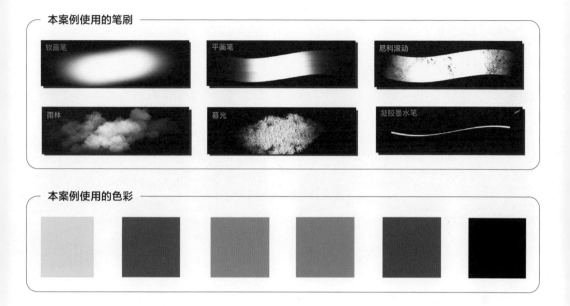

软画笔　　平画笔　　尼科滚动

雨林　　暮光　　凝胶墨水笔

本案例使用的色彩

01 用SketchUp软件建立台阶模型。

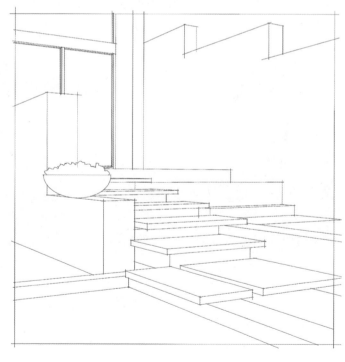

02 在Procreate软件中继续刻画楼梯细节，区分形体块面。

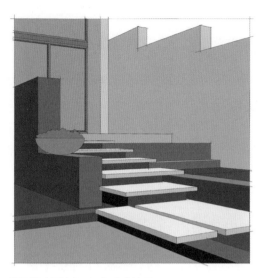

03 填充固有色，区分明暗关系。

04 用"平画笔"笔刷搭配冷灰色刻画楼梯，用"尼科滚动"笔刷、"暮光"笔刷表现草地，用"平画笔"笔刷表现灰色的近处地面，用"暮光"笔刷细致刻画花钵，注意笔触的编排。

05 用"尼科滚动"笔刷表现右边的墙面的肌理。用深浅变化的蓝色表现玻璃。玻璃窗框的投影要深入刻画，注意体现玻璃窗框的结构。然后刻画地面上的砖，用白色刻画石材的高光。

06 用Photoshop软件添加花卉，最终完成绘制。

5.5
景观水景表现与笔刷技巧

5.5.1 景观静态水景设计表现

本案例使用的笔刷

中等喷嘴 6B 铅笔 尼科滚动

暮光 藤木炭 灰泥

本案例使用的色彩

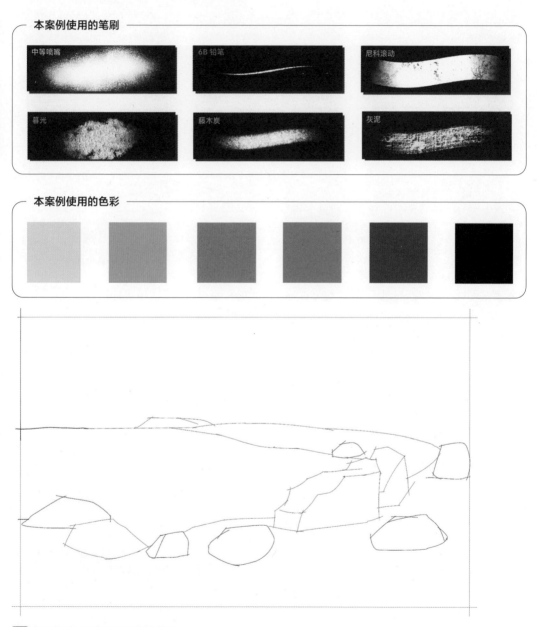

01 勾画线稿，区分各个石块的形体。

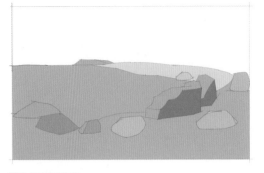

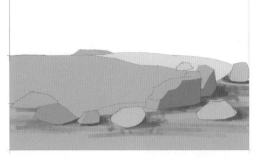

02 填充固有色。

03 用"尼科滚动"笔刷表现石块的明暗关系与地面的肌理。

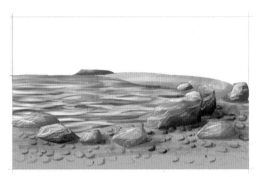

04 用"尼科滚动"笔刷、"灰泥"笔刷、"藤木炭"笔刷、"6B铅笔"笔刷刻画石块的纹理。注意石块的纹理是有方向的。

05 用"藤木炭"笔刷、"中等喷嘴"笔刷刻画水体，画出水面的波纹。

06 远处的植物可以简单地刻画。近处的小石块可以刻画得精细些。

5.5.2 景观动态水景设计表现

本案例使用的笔刷

凝胶墨水笔　　尼科滚动　　圆画笔　　墨亚克力

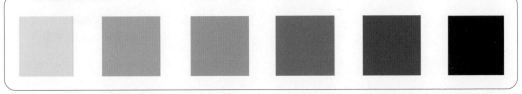

本案例使用的色彩

01 用"凝胶墨水笔"笔刷画出叠
水的石块。

02 用"尼科滚动"笔刷搭配暖灰
色表现石块的明暗效果。

03 用"尼科滚动"笔刷、"湿亚克力"笔刷搭配浅蓝色表现出叠水的纹理效果，要随着水流的方向刻画。

04 用"尼科滚动"笔刷搭配暖灰色刻画石块的暗面，突出石块的层次。

05 用"湿亚克力"笔刷、"圆画笔"笔刷搭配浅蓝色、白色表现叠水的透明效果。

5.6
植物表现与笔刷技巧

5.6.1　灌木植物表现

案例一

本案例使用的笔刷

 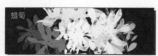 

本案例使用的色彩

01 用"6B铅笔"笔刷画出灌木的枝干，枝干的基本结构呈现为"女"字。

02 用"蜡菊"笔刷画出树冠，先用浅绿色再用深绿色。注意树冠上树叶的疏密变化。

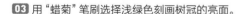

03 用"蜡菊"笔刷选择浅绿色刻画树冠的亮面。

04 用"微光"笔刷搭配粉色表现灌木上的小花。用"蜡菊"笔刷搭配深绿色表现灌木丛暗面部分。

案例二

本案例使用的笔刷 ————

  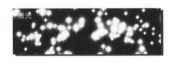

本案例使用的色彩 ————

01 用"暮光"笔刷搭配墨绿色刻画树冠，调整树冠的绿色深浅变化。用"6B铅笔"笔刷搭配深灰色表现枝干。

02 用暖绿色表现树冠的亮面。

03 用淡绿色表现灌木的高光效果。

案例三

本案例使用的笔刷

 工作室笔

 尼科滚动

 雪桉树

本案例使用的色彩

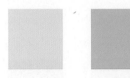

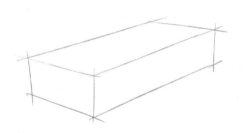

01 简单勾画灌木丛的轮廓，确定基本形体，为后面的刻画打下基础。

02 用浅绿色搭配"雪桉树"笔刷表现灌木丛的灰面与暗面。用"尼科滚动"笔刷搭配冷灰色表现灌木丛投影。

03 用"雪桉树"笔刷搭配浅绿色表现灌木丛的亮面。再用"工作室笔"笔刷搭配白色表现灌木丛上的白色肌理。

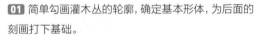

5.6.2　乔木植物表现

案例一

本案例使用的笔刷

本案例使用的色彩

01 用"6B铅笔"笔刷刻画树干，留出树叶的位置。

02 用"暮光"笔刷，先搭配浅绿色再搭配深绿色画出树冠。

03 用"暮光"笔刷叠加树冠，注意树冠绿色的深浅变化。

04 用浅绿色画出树冠的亮面。

05 用深绿色刻画树冠的暗面。

案例二

01 用"6B铅笔"笔刷画出树干。

02 用"暮光"笔刷搭配墨绿色画出树冠，注意树冠的明暗变化。

03 用"暮光"笔刷丰富树冠细节，注意树冠的形体要优美。

5.7
景观小品表现与笔刷技巧

5.7.1　景观雅亭表现

本案例使用的笔刷

凝胶墨水笔	平画笔	蜡菊
雨林	藤木炭	暮光

本案例使用的色彩

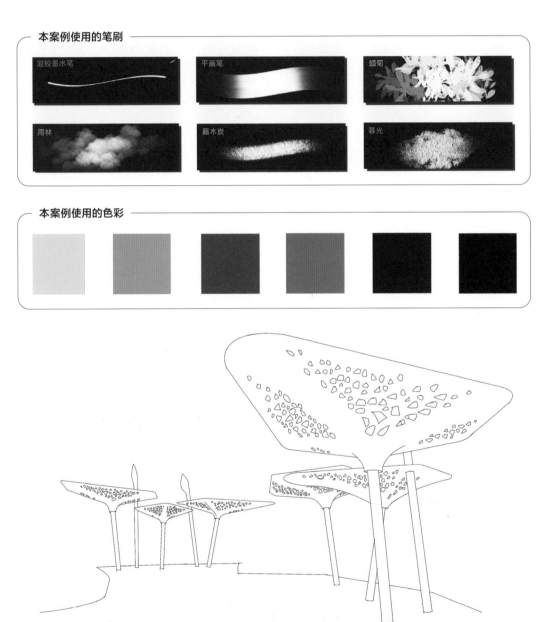

01 用"凝胶墨水笔"笔刷绘制出凉亭的基本结构。

02 用"藤木炭"笔刷搭配暖灰色表现凉亭的立体效果和光影效果。要注意形体的变化，近处的形体要表现得细致些。

03 用"平画笔"笔刷表现地面效果。地面上的投影可以用概括的粗犷手法表现。

04 用"暮光"笔刷搭配墨绿色表现远处的植物效果，注意植物的大小变化。用"雨林"笔刷搭配浅蓝色表现天空效果，注意云彩的疏密关系。

05 用"蜡菊"笔刷搭配深、浅绿色表现灌木丛效果，用勾线笔画出地面网格。

5.7.2 电话亭、广告牌表现技巧

案例一

本案例使用的笔刷

| 平画笔 | 凝胶墨水笔 | 中等喷嘴 |

本案例使用的色彩

01 用"凝胶墨水笔"笔刷画出电话亭的线稿。

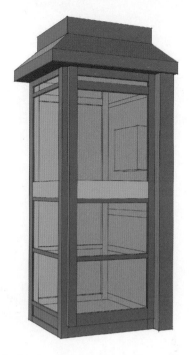

02 新建图层，填充电话亭的固有色，注意区分明暗关系。

03 用"平画笔"笔刷搭配蓝色表现玻璃材质，同时表现出光线的方向与光影效果。用"平画笔"笔刷搭配深灰色表现电话亭里的电话机。

04 添加高光效果，使电话亭更有质感。

案例二

本案例使用的笔刷

本案例使用的色彩

 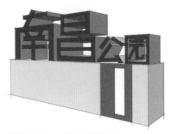 

01 用"凝胶墨水笔"笔刷刻画出线稿。透视比例应正确。

02 填充广告牌的固有色。

03 用"平画笔"笔刷搭配棕色表现文字的光影效果，突出质感。

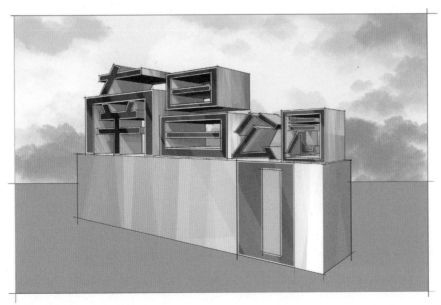

04 用"平画笔"笔刷搭配白色勾画字的轮廓线，以表现灯带的效果。用"雨林"笔刷搭配浅蓝色表现天空的云彩效果。

5.7.3 景观休息椅表现技巧

案例一

本案例使用的笔刷

平画笔　　　　　藤木炭　　　　　凝胶墨水笔

本案例使用的色彩

01 用勾线笔画出休息椅的结构。

02 填充固有色。

03 用"平画笔"笔刷表现椅腿的金属质感。

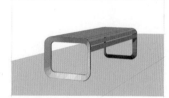

04 用"平画笔"笔刷刻画木质部分效果，木质部分的光感也要表现出来。

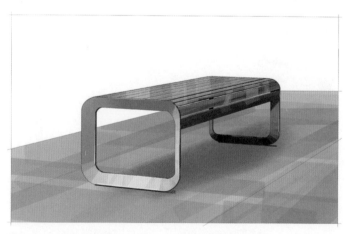

05 画出地面和金属椅腿上的高光，丰富细节，完成绘制。

案例二

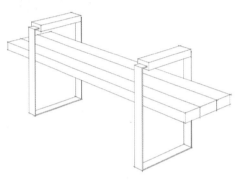

01 勾画凳子的线稿。注意刻画得要细致些，为后面着色打下基础。

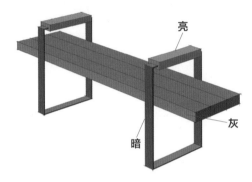

02 填充固有色，凳子上的亮、灰、暗分别填充上不同明度的棕色，要注意形体的明暗关系。

03 用"平画笔"笔刷搭配深红色表现木质的凳面，用"平画笔"笔刷表现椅子扶手的投影，最后在形体的棱角处画上高光。

04 用"平画笔"笔刷表现木质的凳面，最后在形体的棱角处画上高光。

第 6 章

室内设计表现技巧与实际案例应用

6.1
小户型住宅设计表现技巧 +
SketchUp + Photoshop辅助绘图

6.1.1　小户型卧室设计 + SketchUp + Photoshop辅助绘图

本案例使用的笔刷

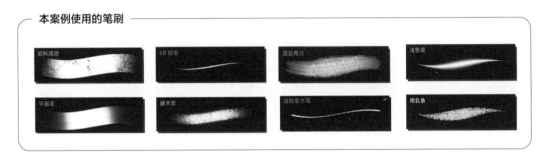

本案例使用的色彩

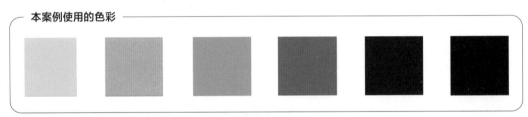

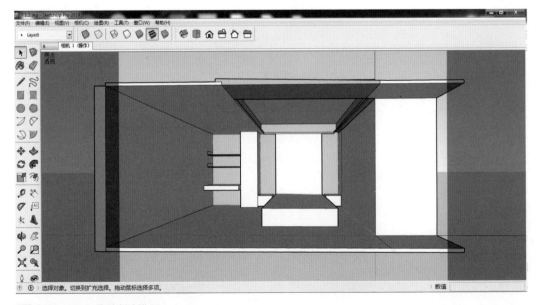

01 用SketchUp软件创建模型。

02 导出二维图形，以方便后面画图。

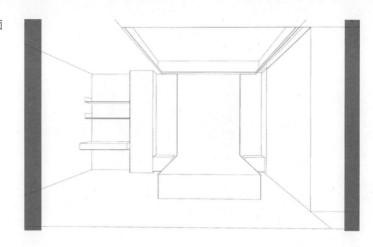

03 在二维图形的基础上绘制卧室细节。

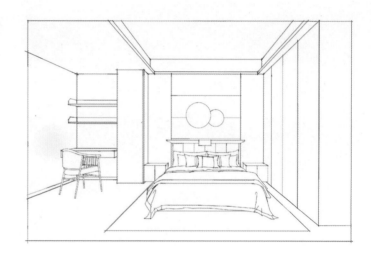

04 用"湿亚克力"笔刷搭配棕色表现木质的柜门和护墙板的质感。

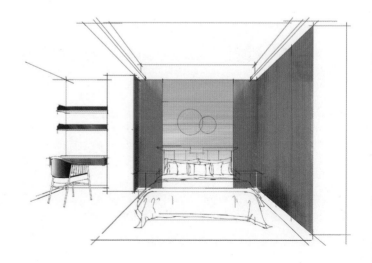

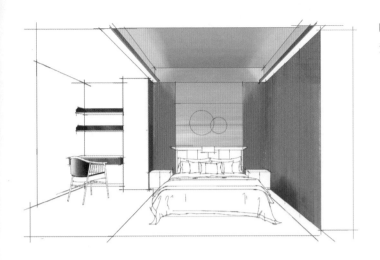

05 用"藤木炭"笔刷表现出顶棚渐变的效果。

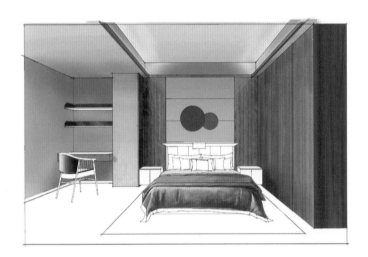

06 用"藤木炭"笔刷表现左边的墙面，注意明暗细节的变化。用"尼科滚动"笔刷细致刻画床单，要注意色彩的统一。用"浅色笔"笔刷搭配暖黄色表现灯带的效果，用"湿亚克力"笔刷、"6B铅笔"笔刷搭配棕色表现柜门与护墙板木质纹理。

07 地板采用木质地板贴图，调整贴图的透视、比例，使其适合卧室空间。用"平画笔"笔刷表现地面上的倒影。用"南乳鱼"笔刷搭配棕色表现地毯纹理。

08 用"尼科滚动"笔刷、"藤木炭"笔刷搭配暖灰色、棕色表现抱枕的细节，用"平画笔"笔刷搭配浅灰色、棕色表现床头、床头柜的质感与高光。

09 用Photoshop软件添加装饰，以丰富画面。

6.1.2　小户型卧室施工场地设计＋Photoshop辅助绘图

本案例使用的笔刷

| 尼科滚动 | 6B 铅笔 | 蜡菊 |
| 平画笔 | 藤木炭 | 凝胶墨水笔 |

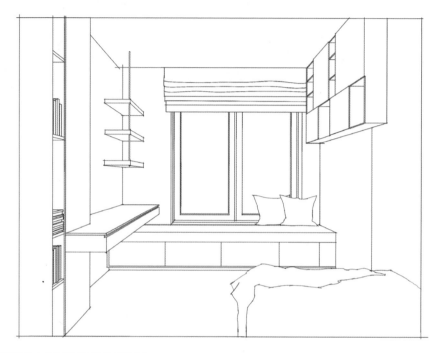

01 用"凝胶墨水笔"笔刷画出卧室线稿。

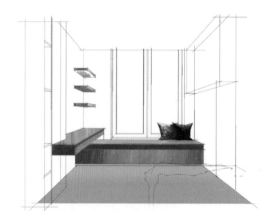

02 刻画卧室的家具,注意形体要准确。

03 用灰色填充墙面,用"尼科滚动"笔刷搭配深棕色表现柜体。不同图层区分不同的材质,以方便后面表现。用"藤木炭"笔刷搭配暖灰色表现床上的布料,用"蜡菊"笔刷搭配浅绿色表现窗外植物。

04 用"藤木炭"笔刷搭配暖灰色刻画墙面。地面采用贴图手法表现。用"尼科滚动"笔刷搭配棕色表现书桌与吊书架。用"尼科滚动"笔刷搭配深棕色表现椅子。用贴图表现床上的床罩，再用"藤木炭"笔刷搭配暖灰色表现床上褶皱效果。

05 用"平画笔"笔刷搭配深灰色表现柜体的光影效果，可以突出笔触的表现效果。床上的褶皱也是用"藤木炭"笔刷搭配浅灰色进行调整。

06 用Photoshop软件添加卧室的配饰，同时调节画面色调。

6.1.3 小户型卫生间设计＋SketchUp辅助表现

本案例使用的笔刷

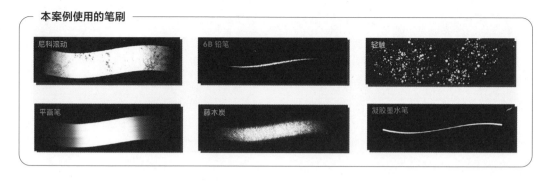

本案例使用的色彩

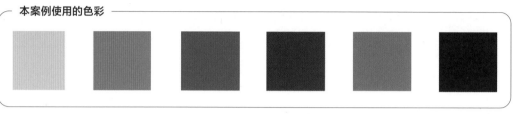

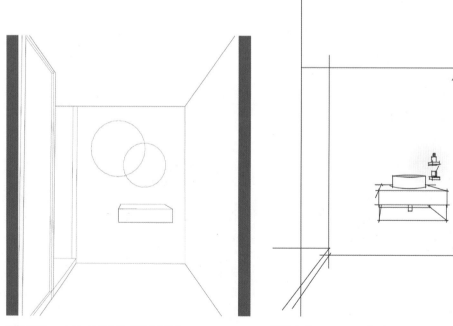

01 用SketchUp软件制作卫生间模型。

02 在从SketchUp软件导出的二维图形的基础上用"凝胶墨水笔"笔刷画出卫生间的细节。

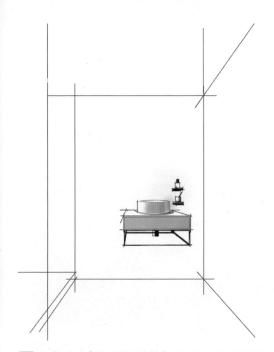

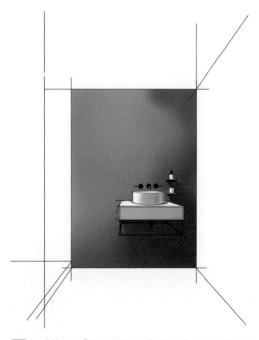

03 用"平画笔"笔刷搭配浅粉色刻画洗手盆，注意要表现清晰。

04 用"藤木炭"笔刷搭配红色刻画带有渐变效果的墙面，以体现光源影响下的明暗关系。用"平画笔"笔刷刻画出黑色的水龙头。

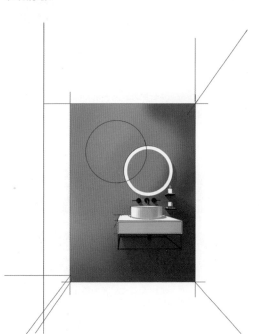

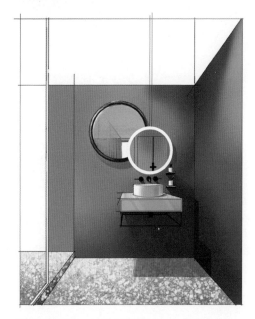

05 添加卫生间内的物品。

06 同样用"藤木炭"笔刷搭配红色表现其余墙面。用"轻触"笔刷搭配深灰色、浅灰色交替刻画地面效果，使地面细节更丰富。镜子采用完全镜像的方式刻画。用"平画笔"笔刷搭配深红色表现洗手盆投影部分。

07 刻画顶棚、墙面和镜子的细节，完成绘制。

6.1.4　小户型客厅空间设计 + Photoshop辅助绘图

本案例使用的笔刷

| 尼科滚动 | 6B 铅笔 | 湿亚克力 |
| 平画笔 | 藤木炭 | 暮光 |

本案例使用的色彩

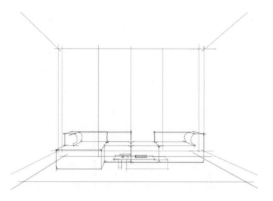

01 使用"绘图指引"辅助命令画出客厅线稿。

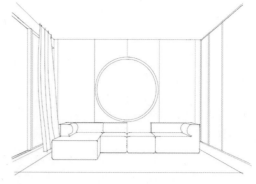

02 手画线稿部分如左边窗帘,就不使用"绘图指引"辅助命令。画中间圆形装饰时打开"绘图指引"命令,画的圆更圆,多余的线条用橡皮擦擦除。

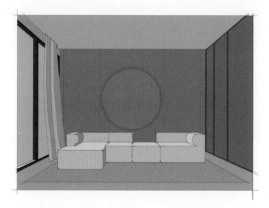

03 填充固有色并区分图层,以方便后续画图。

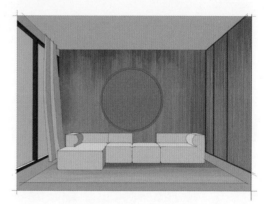

04 用"湿亚克力"笔刷表现木质墙面,再用"6B铅笔"笔刷刻画墙面细小纹理部分。

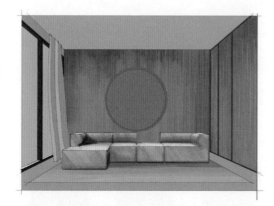

05 用"尼科滚动"笔刷刻画沙发,要注意光影的方向。

06 用"平画笔"笔刷、"暮光"笔刷、"藤木炭"笔刷画刻画窗帘与画。

07 完善地面细节。用"平画笔"笔刷、"藤木炭"笔刷、"6B铅笔"笔刷表现茶几和单人沙发。用"暮光"笔刷搭配墨绿色刻画窗外的植物。

08 用Photoshop软件添加装饰，丰富画面。

6.2
住宅空间设计＋SketchUp＋Photoshop辅助绘图

6.2.1 卧室空间施工场地设计表现

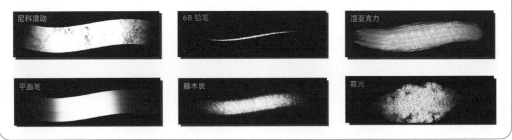

本案例使用的笔刷

尼科滚动　　6B 铅笔　　湿亚克力

平画笔　　藤木炭　　暮光

本案例使用的色彩

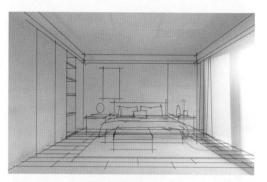

01 根据施工场地照片绘制线稿。

02 根据纸质线稿用软件画出卧室线稿。

03 用"尼科滚动"笔刷表现空间的基本色调，也就是添加卧室空间大色调。

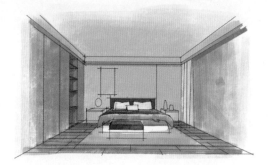

04 刻画床上用品。

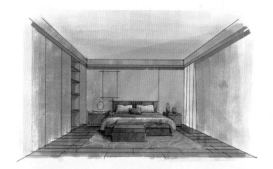

05 刻画床上用品的细节，如用"6B铅笔"笔刷刻画枕头上面的花纹，可以画一些简单的图案。在床尾凳上面可以画一些木纹。

06 深入刻画空间，使空间层次更加丰富。

07 丰富空间内的细节，画面整体风格以手绘的形式表现。

6.2.2 客厅空间施工场地设计＋SketchUp＋Photoshop辅助绘图

案例一

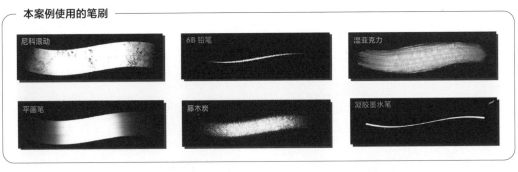

本案例使用的笔刷

| 尼科滚动 | 6B 铅笔 | 湿亚克力 |
| 平画笔 | 藤木炭 | 凝胶墨水笔 |

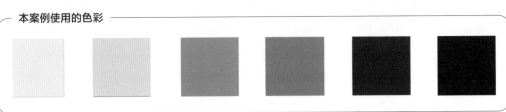

本案例使用的色彩

01 根据施工场地照片绘制客厅线稿,该线稿可以反复推敲设计方案。

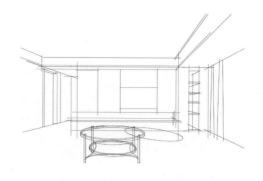

02 使用"绘图指引"辅助命令,新建"线稿"图层,用"凝胶墨水笔"笔刷刻画客厅线稿。

03 新建"茶几"图层,用"平画笔"笔刷表现茶几。刻画大理石电视背景墙与浅色茶几,同样要新建图层,以方便后续修改。

04 用"藤木炭"笔刷表现顶棚,注意刻画好渐变的效果。用"平画笔"笔刷搭配深灰色刻画电视机屏幕的反光效果。用"湿亚克力"笔刷、"平画笔"笔刷搭配浅灰色表现瓦楞板电视背景墙。 用"平画笔"笔刷刻画顶棚黑色灯带。

05 刻画顶棚的中央空调细节,用"平画笔"笔刷搭配深灰色、浅灰色刻画墙面的门框、置物架、窗帘。

06 给地面先铺一层基本色调,然后画地面的结构。

07 用"6B铅笔"笔刷刻画地毯，使用"绘图指引"辅助命令表现出编织物的效果。用"平画笔"笔刷表现出地面光洁的效果。刻画近处的大理石茶几、椅子的细节。

08 用Photoshop软件添加装饰物品，完善画面。

案例二

本案例使用的笔刷

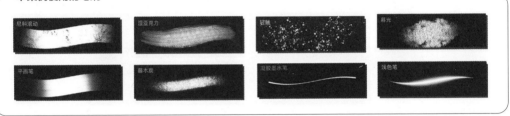

本案例使用的色彩

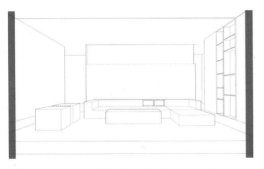

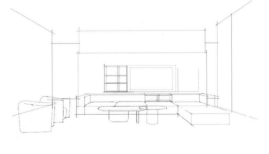

01 用SketchUp软件制作出客厅的基本模型。

02 在模型的基础上绘制客厅线稿。绘制线稿时应该构思怎样去表现画面，明确先画哪里再画哪里。

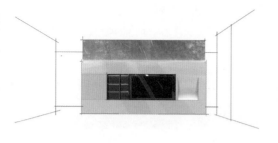

03 用"尼科滚动"笔刷、"6B铅笔"笔刷搭配暖灰色表现大理石部分，用"藤木炭"笔刷搭配浅灰色表现电视背景墙烤漆效果，用"平画笔"笔刷搭配黑色、深灰色表现电视。用"浅色笔"笔刷搭配白色表现置物架上灯带装饰效果，注意电视背景墙整体空间效果。

04 在客厅空间绘制一组沙发、茶几，注意比例与客厅空间相一致。沙发是要重点刻画的对象，处在画面的中心位置。用"尼科滚动"笔刷、"藤木炭"笔刷搭配暖灰色、棕色表现沙发的结构、褶皱、纹理，及茶几的结构。给墙面填充灰色，将其作为画面的主基调。用"凝胶墨水笔"笔刷刻画右边的置物架，与左边的条形隔断，要求透视严谨。

05 用"暮光"笔刷刻画地毯，要表现出地毯的质感。注意用一种笔刷可以表现很多不同的材质，这需要多观察实物。

06 用"轻触"笔刷搭配灰色反复刻画左边的墙面，注意光影的渐变效果。用"尼科滚动"笔刷、"6B铅笔"笔刷搭配灰色、白色表现右侧大理石。逐渐丰富画面细节。

07 把地板、柜体和远处的植物刻画出来。

08 用Photoshop软件添加室内装饰物品，以丰富画面。

6.2.3　餐厅空间施工场地设计＋Photoshop辅助绘图

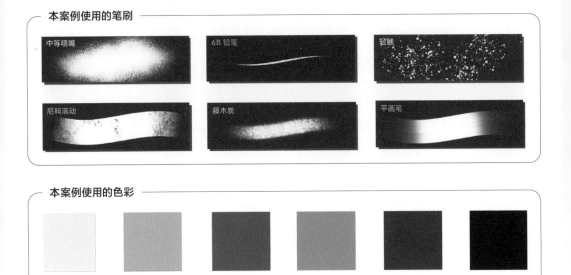

本案例使用的笔刷

中等喷嘴　　　6B 铅笔　　　轻触

尼科滚动　　　藤木炭　　　平画笔

本案例使用的色彩

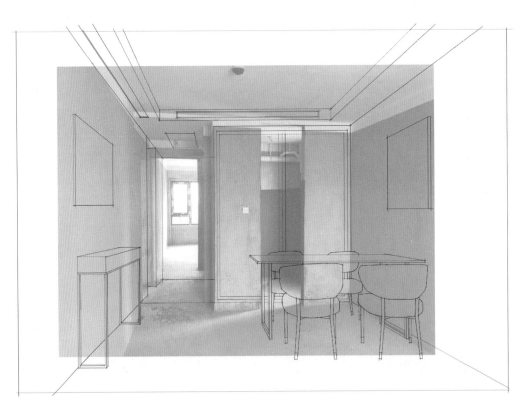

01 根据餐厅照片，在照片上画出餐桌、餐椅等线稿位置，注意要保证符合人体工程学。确定餐厅线稿的空间尺寸，丰富空间内容。

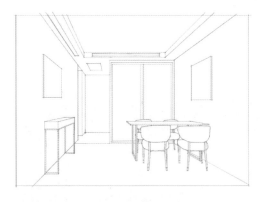

02 隐藏原始照片，再细化餐厅设计线稿。

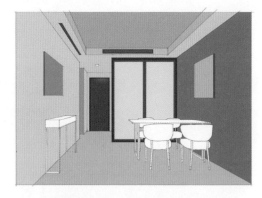

03 填充餐厅固有色，注意区分不同物体的材质。

04 用"平画笔"笔刷搭配墨绿色、灰绿色、蓝绿色表现右边玻璃的高反光、强对比的效果。注意要区分图层，几乎每块颜色都是一个图层。用"轻触"笔刷表现灰色地面，用"平画笔"笔刷刻画地面的倒影。

05 用"平画笔"笔刷搭配浅蓝色表现厨房通透的玻璃。把厨房内部空间画出来后再把玻璃图层设置成透明，才能表现出玻璃的透明效果。

06 新建图层，用"平画笔"笔刷、"中等喷嘴"笔刷表现墙面、顶棚、地面。用"平画笔"笔刷搭配白色表现筒灯效果。

07 刻画边桌上的大理石、金属边条，表现餐椅的布料质感。

08 用Photoshop软件丰富空间细节，注意要强调地面反光效果。

6.2.4 厨房空间设计＋SketchUp＋Photoshop辅助绘图

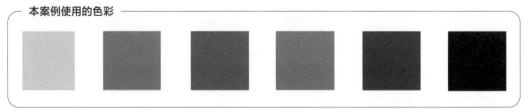

本案例使用的笔刷

| 中等喷嘴 | 6B 铅笔 | 湿亚克力 | 蜡笔 |
| 尼科滚动 | 藤木炭 | 平画笔 | |

本案例使用的色彩

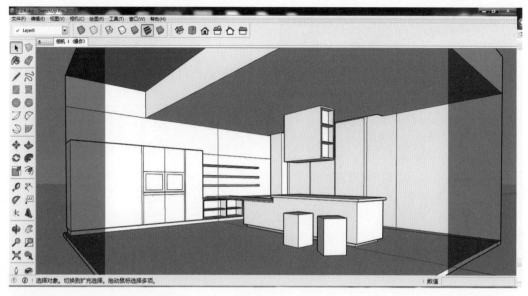

01 用SketchUp软件创建厨房的模型。

02 从SketchUp中导出二维图形，在此基础上确定厨房线稿。

03 用"湿亚克力"笔刷表现柜体的木纹，画木纹直线时要自然、流畅，不能画得太生硬。操作台采用同样的表现方法表现。

04 用"尼科滚动"笔刷搭配灰色表现出上深下浅有渐变效果的墙面。用"平画笔"笔刷表现出顶棚油漆面的效果。用"平画笔"笔刷刻画出橱柜前的两个黑色的凳子，凳子要符合厨房空间的透视、比例。用"平画笔"笔刷搭配黑色、深灰色表现吊柜。

05 填充灰色地面、浅蓝色窗户的固有色。窗帘可以表现出堆叠的效果。用"平画笔"笔刷搭配深灰色刻画左边烤箱。

06 用"平画笔"笔刷刻画地面，地板的缝隙和地砖的大小要比例协调。用"蜡菊"笔刷搭配绿色表现窗外的植物，再用"平画笔"笔刷搭配浅蓝色表现窗户透明的效果。

07 用Photoshop软件丰富画面。

6.3
公共空间设计＋SketchUp＋Photoshop 辅助绘图

6.3.1　办公空间设计＋SketchUp＋Photoshop辅助绘图

案例一

本案例使用的笔刷

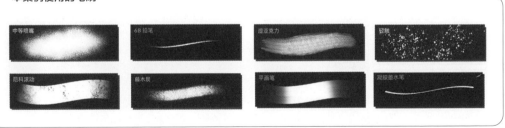

本案例使用的色彩

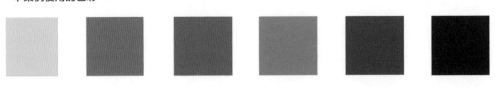

01 用SketchUp软件建立办公室基本模型，主要确定各个物体的位置。

02 在模型的基础上添加办公室吊顶并符合空间比例与透视，办公桌桌面添加上办公用品与隔板，确定设计空间的比例、结构，应符合人体工程学。用"凝胶墨水笔"笔刷添加右侧的窗户。

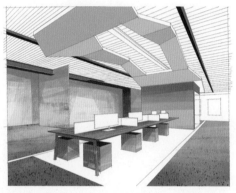

03 用"尼科滚动"笔刷表现墙面，用"轻触"笔刷搭配棕色表现地面效果，塑造办公空间。用"6B铅笔"笔刷表现办公桌木质效果。用灰色、深灰色填充顶棚与顶棚架构。

04 用"平画笔"笔刷搭配赭石色刻画顶棚，再用"尼科滚动"笔刷搭配灰色表现异形吊顶，地面、窗户填充上颜色，注意色彩的整体变化。

05 用"平画笔"笔刷表现计算机、桌子、地面。用"藤木炭"笔刷、"中等喷嘴"笔刷搭配灰色表现地面，用"湿亚克力"笔刷表现办公椅。

06 用"平画笔"笔刷表现计算机、桌子、地面。地面质感要注意空间效果。用"湿亚克力"笔刷表现办公椅。

07 划分地面的各个区域，丰富窗户的色彩。

08 添加圆吊灯，注意墙面色调过渡应自然。

09 用Photoshop软件添加装饰物，丰富空间。

案例二

本案例使用的笔刷

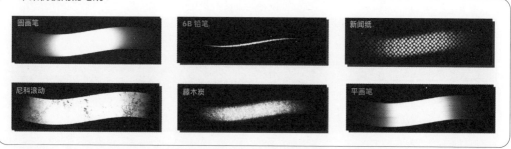

圆画笔　　　　　6B 铅笔　　　　　新闻纸

尼科滚动　　　　藤木炭　　　　　平画笔

本案例使用的色彩

01 这个空间是先从单组物体开始表现的。用"平画笔"笔刷概括地画出桌子、椅子，其色彩基本符合家具的固有色。

02 用"平画笔"笔刷搭配浅棕色表现第二个办公家具组合，重点是使其与第一组办公家具的透视、比例保持协调。用"平画笔"笔刷搭配暖灰色表现大色块墙面和柱子、地面，起到烘托空间作用。

03 添加第三组办公家具，注意表现家具的比例、透视、色彩的协调性。

04 刻画办公空间的空间比例与结构。

05 细致刻画办公家具，添加灯具。

06 用平画笔"笔刷搭配深灰色和白色刻画办公椅的金属脚，注意遵循金属的表现方法。用"圆画笔"笔刷搭配深暖灰表现地面投影，使画面空间感更强。

07 用"新闻纸"笔刷搭配蓝色表现墙上的挂画，以丰富画面。用"藤木炭"笔刷表现顶棚上的投影。

08 用Photoshop软件添加室内的装饰，完成绘制。

6.3.2 办公空间施工场地设计＋Photoshop辅助绘图

本案例使用的笔刷

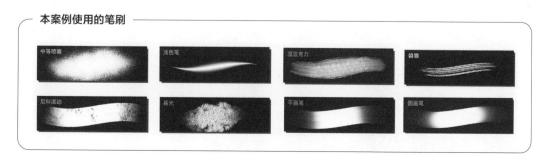

01 根据施工场地照片,在照片上画出线稿。

02 确定办公空间的线稿,保证家具与空间比例、结构、透视正确。

03 填充部分物体的固有色,并分别新建图层。

04 逐渐填充其余物体的固有色。
细小的部分可以在后面画。

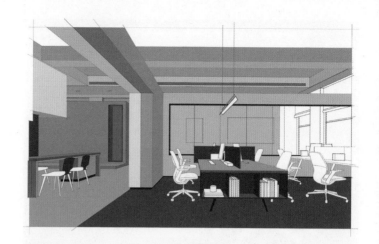

05 用"尼科滚动"笔刷搭配灰色
表现大理石墙面，用"湿亚克力"
笔刷表现木质桌面。用"袋狼"笔
刷表现地面纹理。注意所表现的
材质纹理应自然。

06 用"中等喷嘴"笔刷画出墙面
的渐变效果，用"浅色笔"笔刷表
现门口上的灯带。用"平画笔"笔
刷表现大面积玻璃，使玻璃更有
质感。同时要调节蓝色玻璃的透
明度。

07 用"暮光"笔刷搭配灰色表现椅子凹凸变化的织物面，用"圆画笔"笔刷表现塑料材质。

08 重点刻画办公椅部分。

09 用Photoshop软件添加装饰物品。用"平画笔"笔刷表现图书、计算机等小物件，它们的色彩应鲜艳一些。

6.4
餐饮娱乐空间设计表现技巧＋Photoshop 辅助绘图

6.4.1　餐饮空间设计＋Photoshop辅助绘图

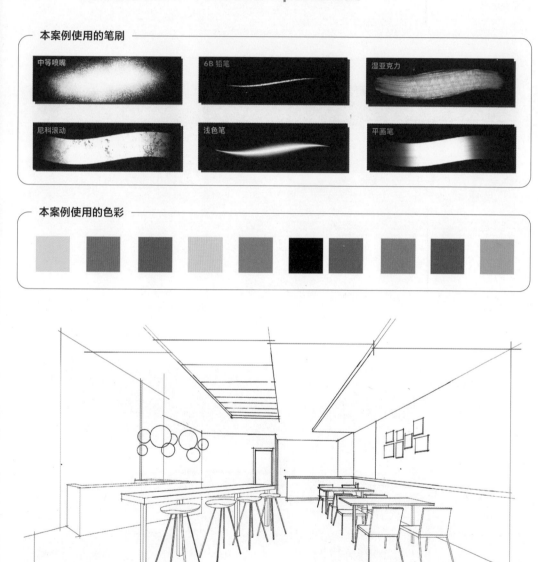

本案例使用的笔刷

中等喷嘴　　6B 铅笔　　湿亚克力

尼科滚动　　浅色笔　　平画笔

本案例使用的色彩

01 画出餐饮空间线稿。

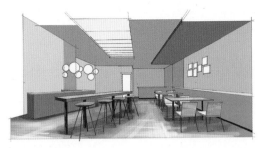

02 填充餐厅的固有色。注意图层要分清楚。逐一丰富家具细节。

03 重点表现家具在地面上的投影，以很好地表现出餐厅空间。

04 用"湿亚克力"笔刷表现木材材质，用"中等喷嘴"笔刷表现出墙面渐变效果。

05 丰富餐厅的细节。

06 用Photoshop软件添加装饰。

6.4.2 中式餐厅空间设计＋Photoshop辅助绘图

案例一

本案例使用的笔刷

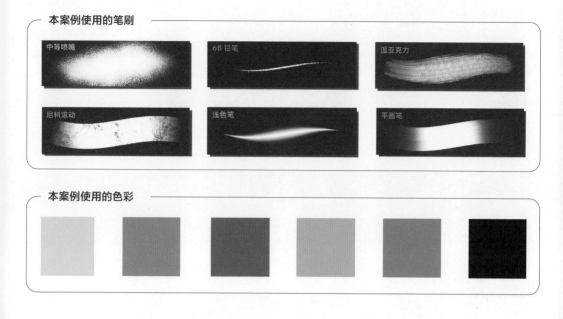

本案例使用的色彩

01 手绘线稿，将其扫描到软件中，调整画面比例，让线稿更加清晰。

02 用"平画笔"笔刷快速刻画家具与玻璃，注意图层的区分。用"尼科滚动"笔刷刻画地面与顶棚等，用明暗对比表现空间效果。

03 用深色块表现窗外的空间效果。用同色系的深色块表现座椅的厚重感。

04 用"尼科滚动"笔刷搭配深褐色表现餐厅顶部，增加空间感。用"尼科滚动"笔刷搭配绿色表现左侧的抱枕。

05 用"尼科滚动"笔刷刻画右边的吧台。用"平画笔"笔刷搭配深棕色、黄色等表现吧台后面的支架与瓶子。

06 刻画餐厅内部的细节，用"尼科滚动"笔刷刻画右侧座椅上的抱枕，用"平画笔"笔刷表现桌子上的陈设品和顶棚筒灯等。

07 用Photoshop软件添加装饰、左边的桌角，刻画细节，以丰富画面。

案例二

本案例使用的笔刷

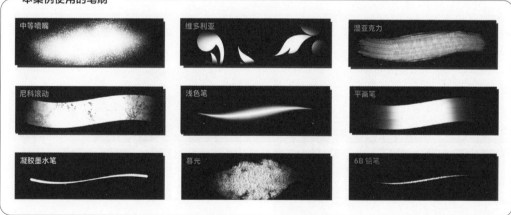

中等喷嘴	维多利亚	湿亚克力
尼科滚动	浅色笔	平画笔
凝胶墨水笔	暮光	6B 铅笔

本案例使用的色彩

01 用"凝胶墨水笔"笔刷绘制餐厅的线稿。

02 填充桌子与座椅的固有色，同时也要考虑整体空间的色调。

03 用"平画笔"笔刷、"6B铅笔"笔刷搭配赭石色、深灰色刻画餐桌，用"中等喷嘴"笔刷、"尼科滚动"笔刷搭配暖灰色表现餐椅，注意家具细节，表现质感。

04 新建图层，填充墙面与顶棚的固有色。用浅蓝色填充窗户玻璃。用图案贴图填充左侧的墙壁。

05 用"平画笔"笔刷表现墙面、顶棚的渐变效果。用"暮光"笔刷搭配绿色表现玻璃窗外的景色，用"平画笔"笔刷搭配蓝色表现玻璃窗的透光质感。用"平画笔"笔刷搭配蓝灰色表现地面，用"凝胶墨水笔"笔刷刻画地砖。

06 用"尼科滚动"笔刷搭配绿色刻画左边卡座，用"中等喷嘴"笔刷表现左面背景墙图案的光影，不能直接把图案贴在墙面上面。

07 表现灯具的位置，用"维多利亚"笔刷表现灯罩的图饰效果，以烘托画面的整体效果。用Photoshop软件添加桌面上植物、装饰、远处人物。

6.4.3 饮品店设计＋Photoshop辅助绘图

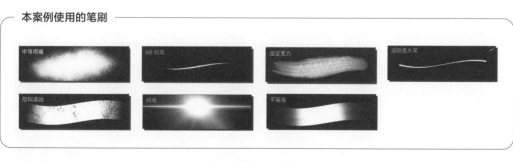

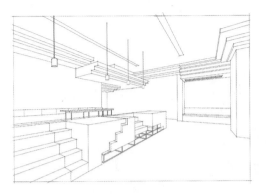

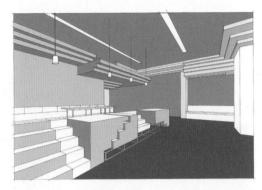

01 画出空间线稿，要求透视、比例、形体结构正确。

02 填充浅灰色墙面与顶棚，填充深灰色地面，表现出空间中固有色的明暗关系。同时要注意区分各个图层的变化。

03 用"尼科滚动"笔刷、"6B铅笔"笔刷搭配灰色、白色表现大理石纹理。用"湿亚克力"笔刷刻画木纹。用"中等喷嘴"笔刷、"凝胶墨水笔"笔刷表现搭配深灰色地砖与地面上光影变化。用"中等喷嘴"笔刷表现墙面上的光影效果。用"平画笔"笔刷表现吊顶与柱子。

04 用"平画笔"笔刷搭配浅灰色堆叠数次表现出光晕效果。用"闪光"笔刷表现筒灯，顶棚的灯带用深黑色填充。

05 用"平画笔"笔刷搭配深灰色表现右边的镜面质感的柱子。注意镜面的反光效果。用Photoshop软件添加人物、装饰品等。

6.4.4 娱乐空间设计＋Photoshop辅助绘图

本案例使用的笔刷

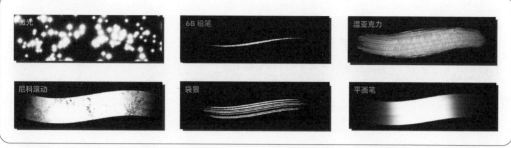

本案例使用的色彩

01 通过扫描方式把纸质线稿转移到软件中，注意线稿要清晰，表现的空间要明确。

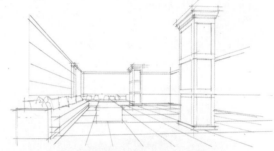

02 用"尼科滚动"笔刷搭配灰色、蓝灰色表现墙面、顶棚、柱子、地面效果。用"尼科滚动"笔刷搭配红色表现沙发。注意形体的明暗关系。

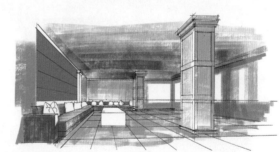

03 用"袋狼"笔刷表现出地面的光影与质感。用"平画笔"笔刷搭配紫色表现左面背景墙，注意光影效果。用"尼科滚动"笔刷搭配橙色表现沙发、抱枕。用"尼科滚动"笔刷、"平画笔"笔刷表现茶几。

04 用"平画笔"笔刷搭配暖灰色刻画柱子。用"尼科滚动"笔刷搭配暖灰色表现远处的墙体。用深蓝色填充窗户的颜色。

05 用"平画笔"笔刷搭配紫色表现吊灯，丰富画面。用"平画笔"笔刷搭配深蓝色表现远处窗户。用蓝色填充右边窗户。用"平画笔"笔刷表现左边墙上的投影。

06 用"微光"笔刷表现顶棚、地面光斑效果，以烘托氛围。用"平画笔"笔刷搭配蓝色、黑色表现右边窗户效果。

07 用Photoshop软件添加植物等配景。

6.5
共享空间设计表现 + Photoshop辅助绘图

6.5.1　大堂空间设计 + Photoshop辅助绘图

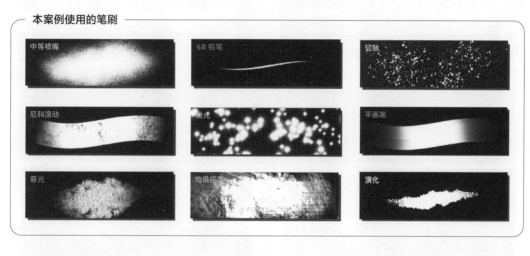

本案例使用的笔刷

中等喷嘴	6B 铅笔	轻触
尼科滚动	微光	平画笔
暮光	垃圾摇滚	演化

本案例使用的色彩

01 画出大堂线稿，要注意空间比例、空间结构和家具特点。

02 创建图层，分别填充暖灰色地面、浅棕色墙面、深灰色顶棚等固有色，注意区分不同的材质。

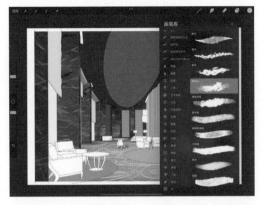

03 用"尼科滚动"笔刷、"平画笔"笔刷、"6B铅笔"笔刷搭配墨蓝色、蓝灰色表现左边大理石柱体，用"尼科滚动"笔刷搭配粉灰色、浅灰色表现地毯的纹理。

04 选用"暮光"笔刷、"演化"笔刷搭配浅暖灰色表现右侧屏风，在绘制屏风上的图案时可以多参考国画的技法与构图。

05 用"暮光"笔刷画深棕色底层，再用"微光"笔刷、"轻触"笔刷表现上面复杂的水晶吊灯，用"微光"笔刷表现星空顶棚。用"暮光"笔刷、"垃圾摇滚"笔刷表现远处的墙面。

06 新建图层，填充家具的固有色。

07 用"暮光"笔刷、"尼科滚动"笔刷搭配土黄色、赭石色、橙色表现沙发，用"平画笔"笔刷搭配咖啡色、酒红色表现桌子。在家具光影、结构正确的基础上仔细刻画家具质感。

08 用Photoshop软件添加陈设品和人物。

6.5.2 图书馆空间设计＋Photoshop辅助绘图

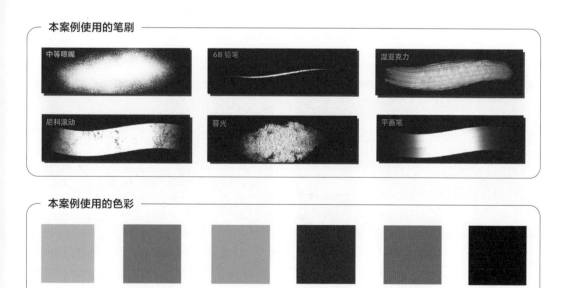

本案例使用的笔刷

中等喷嘴　　6B 铅笔　　湿亚克力

尼科滚动　　暮光　　平画笔

本案例使用的色彩

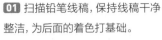 扫描铅笔线稿,保持线稿干净整洁,为后面的着色打基础。

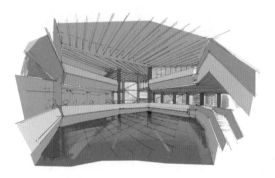

02 创建不同图层,在图书馆大厅中填充冷灰色顶棚、蓝灰色玻璃扶手、暖黄色的书架等固有色,注意区分图书馆空间中的结构、位置。

03 用"平画笔"笔刷搭配蓝灰色刻画玻璃扶手的透光质感,用"平画笔"笔刷书架,用"平画笔"笔刷搭配浅冷灰色表现楼层扶手。用"尼科滚动"笔刷表现顶棚。

04 创建不同的图层表现不同的物体。注意图层规划。

05 丰富图书馆空间的结构细节,尤其是书架的比例。用"平画笔"笔刷刻画书架的细节。在刻画局部时要注意物体与周边结构之间的比例。

06 完善图书馆整体的结构。

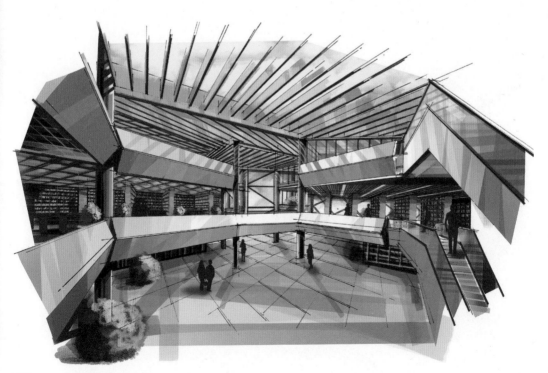

07 用Photoshop软件添加植物、人物等，丰富画面。

第 7 章

景观设计表现技巧与实际案例应用

7.1
小庭院景观表现技巧

7.1.1　屋顶花园施工场地设计表现

本案例使用的笔刷

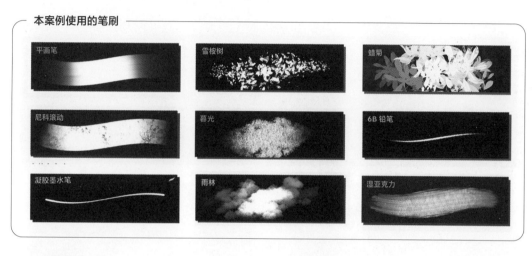

本案例使用的色彩

01 根据施工场地绘制设计效果
图线稿。

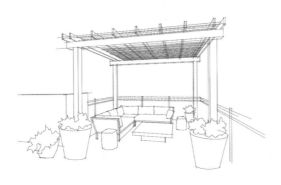

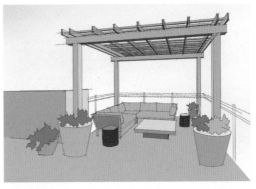

02 用"凝胶墨水笔"笔刷绘制屋顶花园线稿，注意线条的闭合。

03 填充固有色，注意表示出画面明暗关系和整体色调。

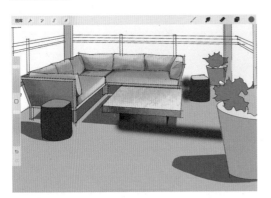

04 用"尼科滚动"笔刷搭配暖灰色绘制沙发的明暗和纹理。用"尼科滚动"笔刷、"6B铅笔"笔刷搭配灰色绘制茶几石材纹理。新建图层，设置正片叠底，不破坏原本的明暗关系。

05 用"湿亚克力"笔刷搭配棕色绘制架子的纹理，注意亮暗面的区别。用"蜡菊"笔刷搭配黄绿色绘制盆栽植物，可以使用不同颜色以增加变化。

06 用"雨林"笔刷搭配浅蓝色绘制天空云彩色调，用"平画笔"笔刷绘制远处的高楼，注意高楼的层次效果。用"蜡菊"笔刷、"暮光"笔刷绘制远处植物，再用植物贴图表现左上角的大灌木植物。

07 选用合适的贴图，绘制远处背景建筑，再用变形工具调整比例与透明度，丰富画面。用"蜡菊"笔刷、"雪桉树"笔刷搭配绿色、黄绿色绘制爬架植物，调整整体细节，完成绘制。

7.1.2 别墅庭院施工场地设计表现

本案例使用的笔刷

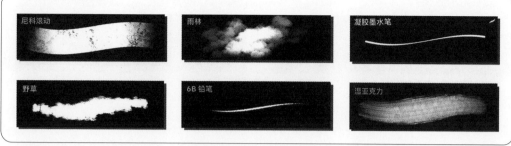

尼科滚动　　　雨林　　　凝胶墨水笔

野草　　　6B 铅笔　　　湿亚克力

本案例使用的色彩

01 根据别墅庭院施工场地绘制效果图线稿。

02 用"凝胶墨水笔"笔刷绘制线稿，注意线条的闭合。

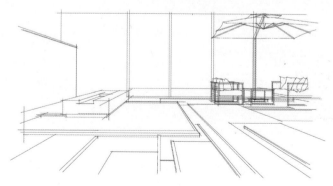

03 用冷灰色、蓝灰色、绿色填充各个物体的固有色，注意表示出画面明暗关系。用"尼科滚动"笔刷表现椅子与茶几。

04 用"尼科滚动"笔刷、"6B铅笔"笔刷搭配蓝灰色、冷灰色绘制墙面大理石纹理。用"湿亚克力"笔刷搭配蓝色表现水体，注意水波纹的明暗变化。

05 用"野草"笔刷搭配绿色绘制草地。用鹅卵石贴图铺设草地间隙。

06 用"雨林"笔刷搭配浅蓝色绘制天空云彩，应表现出层次感。

07 选用合适的乔木贴图放置在庭院背景处，调整植物透明度和色相，再逐渐调整细节。

7.2

广场景观设计表现技巧 +
SketchUp + Photoshop辅助绘图

7.2.1　广场设计 + Photoshop辅助绘图

本案例使用的笔刷

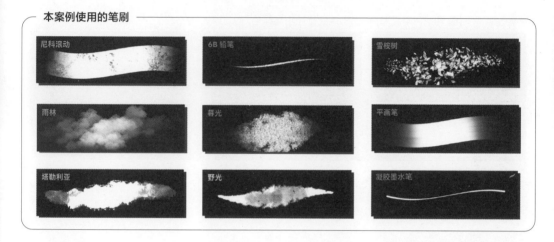

本案例使用的色彩

01 用"凝胶墨水笔"笔刷画出广场的线稿，要求整体构图协调，透视、比例准确。

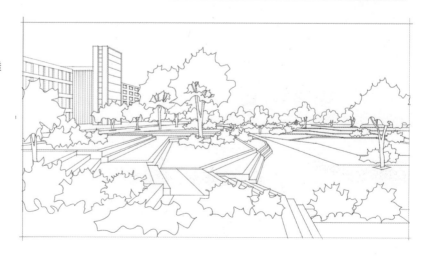

02 新建草坪图层,用绿色表现草坪,注意近处草坪用浅绿色,远处草坪用略深的绿色。

03 填充固有色,为不同颜色和不同距离的灌木、乔木分别设置不同的图层,以方便后面的表现。

04 用"雪桉树"笔刷表现近景、中景中的灌木,用"尼科滚动"笔刷搭配绿色表现草坪,用"尼科滚动"笔刷表现地板,注意画面色调统一。

05 用"塔勒利亚"笔刷、"野光"笔刷搭配深绿色、浅绿色表现中景乔木，为了丰富画面色彩，中景处的乔木可以用浅棕色表现，用"雪桉树"笔刷表现右边的灌木。左侧的建筑、天空、河流填充基本色。注意图层不要混乱。

06 用冷绿色表现远处的植物，增加景观画面的空间层次感。

07 采用前文所讲的建筑表现方法添加建筑细节。用"雨林"笔刷表现天空中的云彩。最后用Photoshop软件添加人物等。

7.2.2 建筑前广场设计＋Photoshop辅助绘图

本案例使用的笔刷

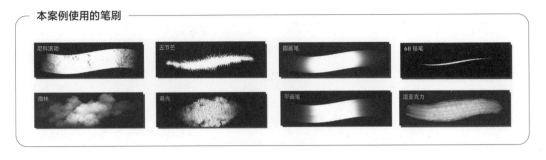

本案例使用的色彩

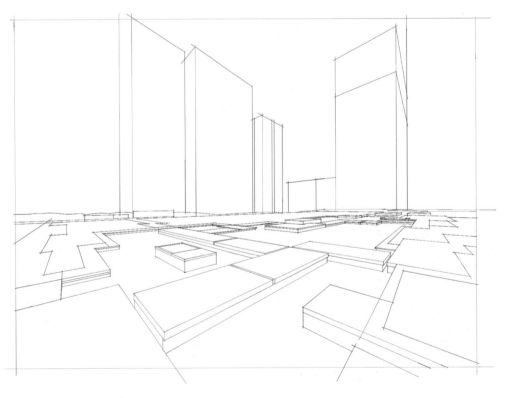

01 确定广场的线稿。

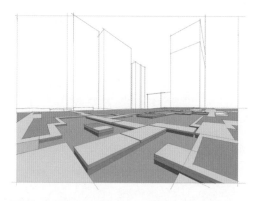

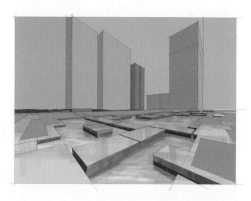

02 填充地面景观的固有色。此阶段填充的色彩可以是单色，在后面阶段再丰富色彩变化和细节。

03 用"尼科滚动"笔刷增强地面花岗岩的质感。用"湿亚克力"笔刷表现水面，注意近处浅蓝色，远处深蓝色的水面变化。新建图层，填充建筑与天空的基本色。

04 用"五节芒"笔刷搭配绿色表现草地。用"6B铅笔"笔刷表现乔木的树干，用"雨林"笔刷、"暮光"笔刷表现乔木树冠。注意色彩的纯度变化。

05 用"平画笔"笔刷刻画建筑的细节，丰富画面。

06 用"雨林"笔刷搭配浅蓝色表现天空，用"圆画笔"笔刷搭配白色表现水体的高光，使整体画面更有质感。用Photoshop软件添加人物。

7.3
小区景观设计表现技巧 +
SketchUp + Photoshop辅助绘图

7.3.1　住宅小区设计 + SketchUp + Photoshop辅助绘图

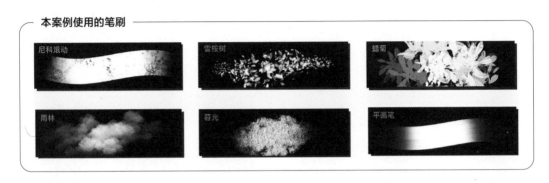

本案例使用的笔刷

尼科滚动　　　雷桉树　　　蜡菊

雨林　　　暮光　　　平画笔

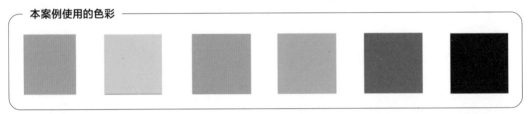

本案例使用的色彩

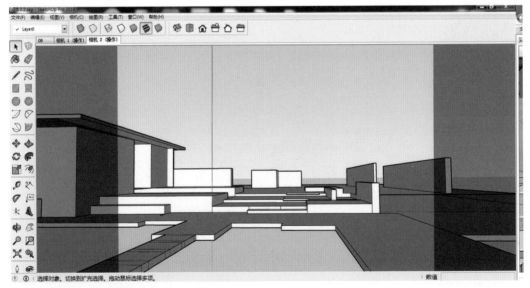

01 用SketchUp软件建立3D模型。

02 将从SketchUp软件中导出的二维图形作为后面画图的参考，画景观空间设计图。

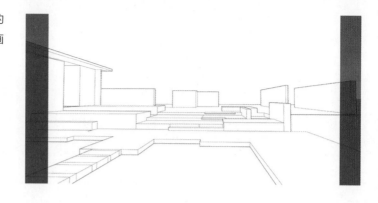

03 确定地面景观的基本结构，同时确定乔木的位置。确定各个植物的位置与空间的关系，完成景观线稿的绘制。

04 填充各个物体的固有色，确定景观的基本色调，同时考虑绿色的统一与变化。注意现阶段的色彩应该是协调的。

05 从近景开始刻画，用"尼科滚动"笔刷搭配深蓝色、浅蓝色、白色表现水体，丰富细节。用"尼科滚动"笔刷搭配灰色表现地面与花坛的肌理。同样涉及色彩变化。地面的色彩变化要简单一些。

06 用"雪桉树"笔刷搭配绿色表现灌木，用"蜡菊"笔刷表现近景乔木的细节，用"暮光"笔刷表现远景乔木。用"平画笔"笔刷刻画地面地砖。注意植物的色彩变化与统一，即色彩看起来应是完整统一的。

07 用"圆画笔"笔刷搭配墨蓝色表现水体的边缘和水体，用"平画笔"笔刷表现右边墙体贴砖。用"平画笔"笔刷刻画左边建筑，用"雨林"笔刷表现天空，用Photoshop添加人物以丰富画面。

7.3.2　高层住宅小区景观施工场景设计＋Photoshop辅助绘图

本案例使用的笔刷

本案例使用的色彩

01 根据施工场地绘制设计方案线稿。

02 用"凝胶墨水笔"笔刷表现景观空间与构筑物的结构。建筑的结构比较容易画错，在刻画时要注意。

03 填充景观的基本色调，用"雪桉树"笔刷、"暮光"笔刷搭配暖绿色、冷绿色表现中景灌木。用"尼科滚动"笔刷表现地面、桥面。丰富植物的细节。

04 填充建筑、玻璃窗、天空的固有色并区分出明暗关系。用"蜡菊"笔刷搭配浅绿色表现近景灌木，用"雪桉树"笔刷、"暮光"笔刷表现中景与左边的灌木。

05 用"雨林"笔刷搭配浅蓝色表现天空，用"湿亚克力"笔刷表现水体，用"凝胶墨水笔"笔刷刻画地面地砖。用"尼科滚动"笔刷表现桥体。

06 用"平画笔"笔刷、"尼科滚动"笔刷表现建筑的主要光影部分，用"雨林"笔刷表现玻璃上反射天空的云彩效果，用"暮光"笔刷表现玻璃反射植物效果。

07 用"平画笔"笔刷、"尼科滚动"笔刷表现远处建筑，强调建筑暗面的细节。用Photoshop软件添加人物、飞鸟使画面更丰富。

7.3.3　多层小区景观设计＋Photoshop辅助绘图

本案例使用的笔刷

本案例使用的色彩

01 确定景观场景的线稿。

02 确定地面、水体、草坪、长椅、建筑等的基本色。

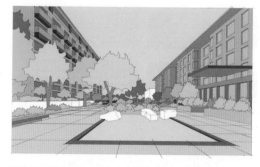

03 填充植物的固有色，注意色彩要和谐、统一。

04 用"蜡菊"笔刷表现乔木树冠，用"雪桉树"笔刷表现灌木。用"雨林"笔刷搭配浅蓝色表现天空。用"尼科滚动"笔刷、"圆画笔"笔刷表现水体。

05 用"尼科滚动"笔刷表现建筑的受光面,用"平画笔"笔刷表现建筑受光面玻璃窗光洁的质感。用"尼科滚动"笔刷搭配暖灰色表现石块。

06 刻画左边建筑的细节,并用Photoshop添加人物、飞鸟等,以丰富画面。

7.4
校园景观设计表现技巧 + SketchUp + Photoshop辅助绘图

7.4.1 校园广场施工场地设计 + Photoshop辅助绘图

本案例使用的笔刷

本案例使用的色彩

01 根据施工场地照片绘制设计效果图线稿。

02 确定出广场的范围和基本结构。用"凝胶墨水笔"笔刷刻画出广场的结构，植物、地面与建筑的形体穿插关系要闭合。

03 填充植物、地面等的基本色。植物的色彩要丰富多样，不能是单一的绿色。

04 用冷绿色表现远处的灌木、乔木，与近景的暖绿色形成对比关系，中景、远景的亭子用红色表现，用冷灰表现远景的建筑，使画面富有层次感。

05 逐一刻画中景景物，用"暮光"笔刷表现中景乔木和灌木，用"尼科滚动"笔刷表现木质地板。用"暮光"笔刷、"蜡菊"笔刷、"雪桉树"笔刷搭配暖绿色表现近景灌木。在选择笔刷时可以多试用几种，这样可以更快地了解该软件的表现效果。

06 用"雨林"笔刷表现天空的云彩,用"暮光"笔刷、"雪桉树"笔刷搭配冷绿色表现远景乔木。

07 用"蜡菊"笔刷搭配浅绿色刻画近景的乔木树叶,要是遵循球体的素描关系表现树冠。用"尼科滚动"笔刷、"6B铅笔"笔刷搭配灰色表现树干。用"平画笔"笔刷搭配棕红色表现座椅。用"平画笔"笔刷表现亭子框架。

08 用Photoshop软件添加人物,以丰富画面。

7.4.2　校园景观设计＋SketchUp＋Photoshop辅助绘图

本案例使用的笔刷

| 尼料滚动 | 晋樱树 | 蜡菊 | 6B 铅笔 |
| 雨林 | 暮光 | 平画笔 | 凝胶墨水笔 |

本案例使用的色彩

01 用SketchUp软件创建场地模型。

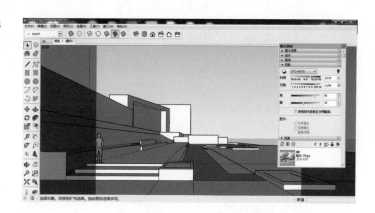

02 根据场地模型导出的二维图形绘制设计方案线稿。

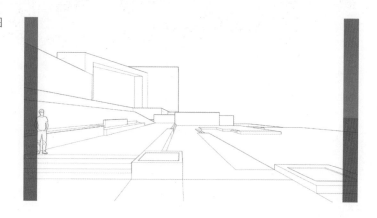

03 确定校园景观的线稿，重点注意空间感的营造。

04 新建图层，填充不同物体的固有色。填充的色彩应统一、协调。不同的颜色要分别设置图层。

05 用"尼科滚动"笔刷表现地面的质感，多采用横向刻画与竖向刻画来表现。用"尼科滚动"笔刷搭配灰色表现树池、花坛、墙面、台阶等。用"蜡菊"笔刷搭配浅绿色表现左边灌木。

06 用"平画笔"笔刷刻画右侧建筑物和玻璃窗，玻璃窗上的阴影最好也分图层来表现，方便随时修改。用"暮光"笔刷刻画左边建筑下方的灌木丛。

07 用"蜡菊"笔刷表现近景、中景乔木树冠，用"暮光"笔刷、"雪桉树"笔刷表现远景乔木树冠与右边灌木。用"平画笔"笔刷搭配棕红色表现木质长椅。同样，用"平画笔"笔刷搭配冷灰色表现右边远处的建筑物。用"雨林"笔刷表现天空中的云彩，注意应分图层以便于修改。

08 用"6B铅笔"笔刷刻画树干的明暗体积，用"凝胶墨水笔"笔刷在地面上划分出地砖。用"雨林"笔刷表现乔木的影子。用Photoshop软件添加人物、完成绘制。

7.5
景观鸟瞰图设计表现技巧 + Photoshop 辅助绘图

7.5.1 广场景观鸟瞰图 + Photoshop辅助绘图

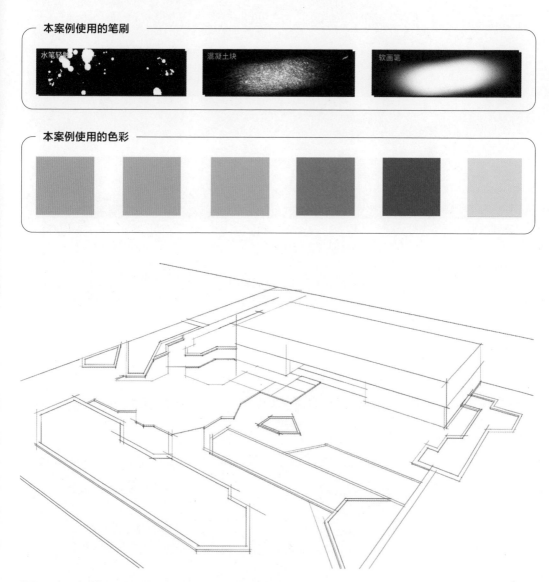

本案例使用的笔刷

水笔轻触　　混凝土块　　软画笔

本案例使用的色彩

01 使用"凝胶墨水笔"笔刷绘制线稿，注意线稿中的线条应闭合。

02 填充水体、地面、草坪固有色,注意表示出画面明暗关系。用"软画笔"笔刷表现场地边缘,使画面整体协调。

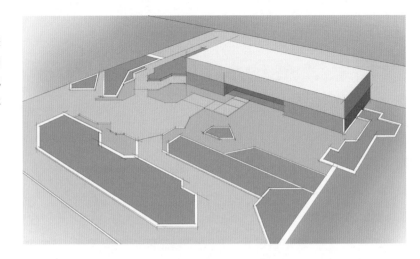

03 用"平画笔"笔刷绘制建筑玻璃,注意光照效果与玻璃的透光感。地面采用地砖贴图,调整地砖纹理比例。用"湿海绵"笔刷、"水笔轻触"笔刷表现水体。用"混凝土块"笔刷搭配暖灰色表现建筑体。用"平画笔"笔刷搭配深灰色表现建筑投影。用"中等喷嘴"笔刷表现草坪与周边草地。

04 用"湿亚克力"笔刷搭配深蓝色、浅蓝色绘制水体的水纹效果。用"平画笔"笔刷表现窗框,注意窗框结构要刻画清晰。

05 添加建筑上的纹理贴图，注意建筑体的光影变化。用Photoshop软件添加近景、中景乔木、灌木、人物、汽车等，再用Photoshop软件添加远景的建筑与植物等以丰富画面的效果。

7.5.2　小区景观鸟瞰图设计＋Photoshop辅助绘图

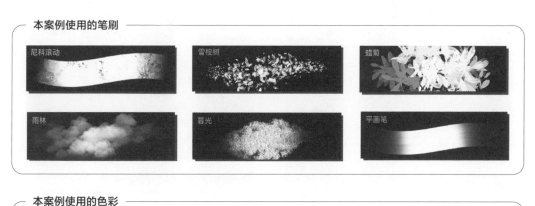

本案例使用的笔刷

| 尼科滚动 | 雪桉树 | 蜡菊 |
| 雨林 | 暮光 | 平画笔 |

本案例使用的色彩

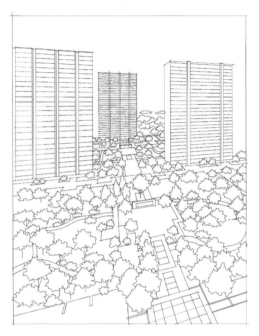

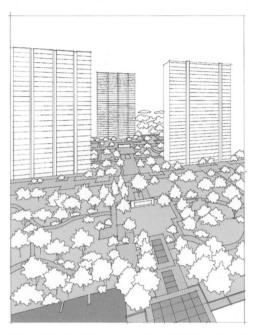

01 绘制小区景观鸟瞰图的线稿。

02 给草坪填充浅绿色,注意草坪的绿色与乔木的绿色要有区别。

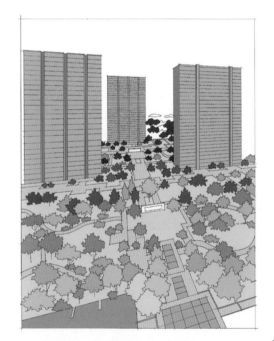

03 填充建筑的玻璃幕墙和乔木的颜色。乔木的色彩遵循"近处暖绿远处冷绿"的变化规律。

04 用"尼科滚动"笔刷搭配墨绿色表现乔木下草坪的质感,同时也是表现乔木的投影。用"尼科滚动"笔刷表现地面。地面表现也要遵循"近浅远深"的空间色调变化。

05 用"蜡菊"笔刷表现近景乔木，用"暮光"笔刷表现远景乔木。

06 用"平画笔"笔刷表现建筑的玻璃幕墙，笔触采用斜线刻画，同时顺着光线的方向来表现。用"平画笔"笔刷搭配墨绿色竖向刻画建筑底部反光效果。用"雨林"笔刷表现玻璃上天空的效果。用"尼科滚动"笔刷搭配墨绿色表现建筑后面的树林。

07 用"雨林"笔刷表现天空中的云彩，注意云彩的疏密变化，同时要把云彩画在玻璃幕墙上。最后用Photoshop软件添加人物，以丰富画面。

第 8 章

iPad + Procreate
室内外设计手绘作品欣赏